ゼロからわかる、
全体像が見える

機械学習・深層学習による

画像認識

の

基本と原理

川島 賢 [著]

ソシム

Contents | 目次

＜画像認識の基本＞

1章 画像認識の概要 ……… 5

- 1-1 画像認識技術発展の背景 ……… 6
- 1-2 本書における画像認識の定義 ……… 12
- 1-3 画像認識の「源流」 ……… 17
- 1-4 機械学習や深層学習に必要な知識 ……… 24

2章 画像認識の活用事例 ……… 29

- 2-1 文字認識の様々な活用 ……… 30
- 2-2 顔認識による出入国管理 ……… 36
- 2-3 姿勢認識による転倒監視やスポーツ指導 ……… 37
- 2-4 医療画像の診断支援 ……… 41
- 2-5 園児の呼吸状態監視 ……… 44
- 2-6 ごみ処理の支援 ……… 45
- 2-7 販売現場における自動会計・決済 ……… 47
- 2-8 小売現場におけるマーケティング支援 ……… 49
- 2-9 工場などにおける外観検査や検品 ……… 51
- 2-10 物流現場におけるピッキング作業の支援 ……… 54
- 2-11 農業現場における生産性向上 ……… 56
- 2-12 施設やオフィスのセキュリティ管理 ……… 58
- 2-13 衛星写真の解析 ……… 59
- 2-14 画像の高解像度化 ……… 61

3章 画像処理と画像認識 ……… 65

- 3-1 そもそも画像とは何か ……… 66
- 3-2 視覚と光 ……… 69
- 3-3 画像処理の原理 ……… 74

| 3-4 | 基本的な画像処理の手法 | 76 |
| 3-5 | 特徴量抽出と特徴量記述 | 83 |

＜機械学習と深層学習による画像認識＞

4章 機械学習の基本 91

4-1	機械学習とは	92
4-2	教師あり学習	95
4-3	教師なし学習	99
4-4	強化学習	104
4-5	学習データとデータの入手	106
4-6	機械学習プロジェクトのロードマップ	110

5章 機械学習による画像認識 113

5-1	主成分分析（PCA）	114
5-2	SVM	118
5-3	k近傍法	128
5-4	k平均法	133

6章 深層学習の基本 137

6-1	ニューラルネットワークの基礎知識	138
6-2	人工ニューロンの基礎知識	141
6-3	活性化関数	145
6-4	多層パーセプトロン	153
6-5	ニューラルネットワークの学習①：交差エントロピー誤差関数	156
6-6	ニューラルネットワークの学習②：パラメータ更新	160

7章 深層学習による画像認識 171

| 7-1 | 多層ニューラルネットワークと畳み込みニューラルネットワーク | 172 |
| 7-2 | 畳み込みニューラルネットワークの構造 | 178 |

7-3	畳み込み層における処理	181
7-4	プーリング層における処理	188
7-5	結合層と出力層における処理	190
7-6	代表的な畳み込みニューラルネットワーク	191

＜最先端の画像認識技術＞

8章 転移学習 195

8-1	転移学習とは	196
8-2	転移学習の方法	200
8-3	転移元の選定と転移学習のアプローチ	202

9章 物体検出 205

9-1	畳み込みニューラルネットワークによる物体検出	206
9-2	物体検出のCNN①R-CNN	208
9-3	物体検出のCNN②：Fast R-CNN	211
9-4	物体検出のCNN③：Mask R-CNN	215
9-5	物体検出のCNN④：YOLO	218

10章 画像セグメンテーション 221

| 10-1 | 画像セグメンテーションとは | 222 |
| 10-2 | U-Netによる画像セグメンテーション | 225 |

11章 GANによる画像生成 231

11-1	GANとは	232
11-2	GANのGeneratorとDiscriminator	235
11-3	GeneratorとDiscriminatorのネットワーク構成	240

おわりに 245

1章

画像認識の概要

　ここ数年、機械学習や、深層学習（ディープラーニング）、人工知能といったキーワードがメディアによく登場するようになってきました。その結果、専門家以外の人もこうした概念を認識するようになってきています。

　これはある意味、人工知能が「冬の時代」を経て、徐々に実用レベルになってきたことの現れでしょう。実際、一部の業務では、すでに機械学習や深層学習による画像認識技術が使われるようになっています。1章では、画像認識技術が発展してきた背景、画像認識とは何か、本書ではどのように画像認識技術を解説するのかを説明します。また、人工知能と画像認識技術の現状を俯瞰します。

Section 1-1 画像認識技術発展の背景

　機械学習、深層学習（ディープラーニング）に対する認知が近年、爆発的に広がり、ビジネス現場にも積極的に導入されるようになっています。人工知能はずっと以前から研究されていたにも関わらず、なぜ近年、人工知能（特に深層学習）で目覚ましい成果が出るようになったのでしょう。

　その背景には、情報処理技術の進歩とコンピュータ処理能力の向上があります。すなわち、以下の3要素です。

（1）ハードウェア処理能力の向上
（2）インターネット普及による膨大なデータの生成
（3）インターネット高速化による膨大なデータの収集

　それぞれを簡単に説明しましょう。

（1）ハードウェア処理能力の向上

　米国のインテルが1971年に発売し、初めてパーソナルコンピュータで使われた4ビット、500kHz のマイクロプロセッサ（CPU）には、2,300個のトランジスタが集積されていました（電子素子の1つであるトランジスタは、2進数の0、1を制御する最小単位です）。

■トランジスタ

[出典：Wikipedia]

　一方、現在、日本でもとても利用者が多い米国アップル社のiPhone12で使われているプロセッサ（CPU）、14 Bionicチップには約118億個のトランジスタが集積され、人工知能関連演算専用のNeural Engineも搭載されています。

　つまり、60年ほどで、CPUに集積されるトランジスタの数は、数千個から数百億個まで増えるなど、コンピュータの処理能力は想像を絶するほどの進化を遂げているのです。

　そして、画像処理用演算プロセッサ（GPU：Graphics Processing Unit）メーカーの代表格であるNVIDIAが製造するデータセンター用GPU A100には、何と540億個以上のトランジスタが集積されています。これにより、ディープラーニングなどで求められる大量かつ複雑な演算をこなす強力な処理能力を実現しているのです。

■データセンター用GPU A100

［出典：NVIDIA］

　このほか、いわゆるIoTのドメインでもエッジデバイスの高性能化が進み、人工知能の能力を持った小型デバイスが登場しています。たとえば、NVIDIAのJetson Nanoは、掌に載せるぐらいのコンパクトさと同時に優れた処理能力を併せ持っています。エッジデバイスも必ずしも、計算能力が貧弱ではなくなりつつあります。

　オープンソースのOSを搭載するJetson Nanoは、画像分類(image classification)、オブジェクト認識(object detection)、画像セグメンテーション（image segmentation）、姿勢推定（Pose Estimation）などの画像認識系の処理が可能です。かつて大型、大消費電力、高価だったコンピューティングデバイスは現在、小型かつ低消費電力で、廉価になり、個人でも入手できるようになっているのです（ちなみに、Jetson Nano B01は15,000円前後で入手可能です）。

　同様に、Raspberry Pi財団が開発した小型のマイクロコントローラ、Raspberry Pi Picoは、Googleの機械学習フレームワークの軽量版「TensorFlow Lite」を利用して、顔認識や音声認識などの実装が可能になっています。

■ 小型デバイス、Jetson Nano

［出典：NVIDIA］

■ 小型マイクロコントローラ、Raspberry Pi Pico

［出典：Raspberry Pi 財団］

（2）インターネット普及による膨大なデータの生成

　技術の進歩によりデジタルカメラや高性能カメラ搭載スマートフォンが、安価で入手できるようになったことで、私たちは毎日、高画質の写真、ビデオも当たり前のように撮って楽しんだり、家族や友人とインターネッ

ト越しに共有したりしています。その結果、インターネット上には、テキストだけでなく、画像や映像のデータが爆発的に増えてきました。

米国 EMC コーポレーション（世界でも最大手のストレージ開発企業）と IDC との共同調査によれば、地球上で生成されるデジタルデータの年間生成量が 2013 年は 4.4ZB であったのに対し、2020 年には 10 倍の 44ZB に達するそうです。ZB（ゼタバイト）はなんと、1GB の 1 兆倍です。しかもこのデータの増加は「2 年ごとに規模が倍増」するのです。

（3）インターネット高速化による膨大なデータの収集

インターネットの始まりは、1967 年、米国において誕生した、世界初のパケット通信ネットワーク「ARPANET(Advanced Research Projects Agency Network)」という研究プロジェクトです。ただ、ARPANET 誕生から 20 数年ほど前までは、その利用は資金潤沢な大企業や研究機関の特権であり、一般市民にとっては高嶺の花でした。しかも、通信速度は今の基準で見れば信じられないほど低速。当時、スマートフォンからインターネットを当たり前のように利用できるようになるとは、誰も想像していなかったでしょう。

ところが、ハードウェアの処理能力が劇的したことで、インターネットにも革命的な変化が生じました。スマートフォンが普及した現在、インターネット経由で動画コンテンツを鑑賞するのが当たり前になっています。そして今後、5G 技術が普及すると、さらなる高速大容量、高信頼性低遅延通信が実現され、高速無遅延のインターネットが水道のような当たり前の存在になっていくでしょう。高速で身近なインターネットが情報のインフラとなれば、あらゆる情報を自由に転送できるようになるのです。

データを高速に運搬する手段があれば、データの種類や形式に関わらず、どのようなデータも、瞬時に地球上の任意の場所の人と共有できます。世

界中の研究者がアイディア、手法を連携して共同研究するなど、インターネット上での様々なコミュニケーションやコラボレーションが可能になるのです。

このように、「ハードウェア処理能力の向上」「インターネット普及によるデータ生成のしやすさと速さ」「インターネット高速化による膨大なデータの収集」の３つが揃ったことで、深層学習、機械学習の高度な基盤が整いました。

まず、ハードウェア処理能力が向上したことで、かつては難しかった機械学習に必要な膨大な量の計算処理が可能になっています。またインターネット普及により、文字や画像、動画といった様々なフォーマットの膨大な量のデータがすさまじい速度で生成されるようになりました。そして、膨大なデータの収集が可能になったことで、深層学習、機械学習の「材料」となる学習データの収集、整備が格段に容易になりました。数十年前であれば不可能だった、機械学習の仮説検証が可能になるなど、機械学習や深層学習で成果を出すための条件がすべて揃ったのです。

Section 1-2　本書における画像認識の定義

　機械学習で成果を出すための条件がすべて揃ったことで、現在、人工知能の様々な領域でブレックスルーが起きています。この分野はいま、大きな変革期を迎えているといっても過言ではないでしょう。

　ご存知の通り、音声認識、音声合成、自然言語処理、自動翻訳、感情認識、ロボット知能、自動運転など、人工知能の研究領域は非常に広範で、互いに交差しています。現在、人工知能や機械学習において、画像認識は以下のように位置付けられます。

■人工知能や機械学習における画像認識の位置付け

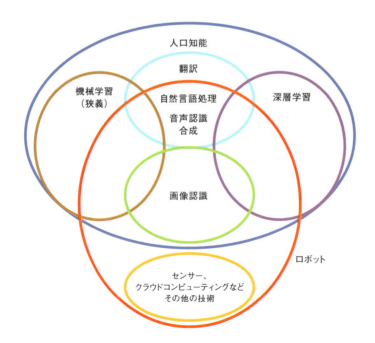

本書では、機械学習による画像認識を4、5章で、深層学習による画像認識を6、7章で、最新の画像認識技術を8〜11章で解説します。ではなぜ、本書では画像認識にテーマを絞り、解説することにしたのでしょうか。

それは、画像認識が、人や社会の課題を解決する上で非常に大きな可能性を秘めているからです。一般に、人が外から取り込む情報の9割は視覚情報であると言われます。画像認識はまた、ロボット、自動運転や様々な高度な自動化にも不可欠な技術要素です。逆に言えば、AIによる画像処理、画像認識は、人や社会の課題解決につながる可能性があるでしょう（2章では、画像認識の具体的な活用事例も紹介します）。

ただし、「画像認識」と一口に言っても、アカデミックの世界で扱う領域は広く、人によってイメージするものも違うでしょう。また、話の文脈や仕事の環境が違えば、画像認識の意味合いが変わる可能性もあります。

そのためまずは、本書における「画像認識」という言葉を定義しましょう。本書では、「画像認識」には広義の意味と、狭義の意味の2つがあると考えます。

広義の「画像認識」は「デジタル画像データに必要な画像処理を実施して、画像に表示されている物体、その有用な情報を認識するプロセス」です。ここでのポイントは、「デジタル画像データ」「画像処理」と「画像認識」です。

ここで言う「認識」とは、たとえば「赤ん坊がお父さんやお母さんを見て、「パパ」や「ママ」と呼ぶ」ように、「目の前の人が誰であるかを正しく認識する」ことです。つまり、画像を見て、画像に対応した言葉が出れば、「認識」と見なすわけです。

■広義の画像認識と狭義の画像認識

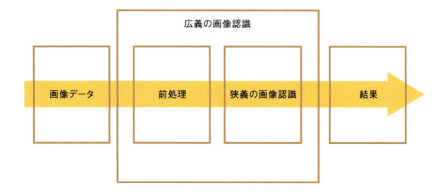

　同様に、カメラと連携したコンピュータが「りんごの写真データ」というインプットに対して「りんご」という文字をアウトプットし、「みかんの写真」というインプットに対して「みかん」という文字をアウトプットすれば、画像を「認識」したと見なせるでしょう。

　アウトプットするのは、他の言語、たとえばappleやorangeでも問題ありませんし、インプットと対応してさえいれば、符号でも構いません（たとえば、りんごなら「0」に、みかんなら「1」にすることも可能です）。実際、機械学習や深層学習のプログラミングでは、処理がシンプルなので、よく符号を利用します。こうしておけば、必要に応じて0をりんご/appleに、1をみかん/orangeに変換できるからです。

　一方、本書における狭義の「画像認識」は、「画像に表示されている物体、その有用な情報を認識するプロセス」、すなわち広義の画像認識の後半のみを指します。狭義の画像認識はさらに、そのタスクによって「画像分類」「物体検出」「領域分類」に分類できます。

■「狭義の画像認識」の分類

画像分類（Image Classification）
　分類（Classification）
　特定（Localization）
物体検出（Object Detection）
領域分類（Image Semantic Segmentation）
　意味による分類（Semantic Segmentation）
　物体による分類（Instance Segmentation）

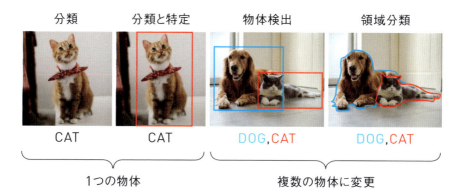

　画像分類では、画像の中の物体を、りんごとみかんといったクラス（類）によって分類します（4章で詳しく説明します）。また、物体検出では、画像の中の物体を取り囲む四角い領域を特定します。この四角い領域は、「バウンディングボックス（bounding box）」と呼ばれます。物体認識/検出には様々な手法があり、HOG特徴量と線形SVM（線形分類器）を用いた物体検出については7章で、畳み込みニューラルネットワークを利用した物体検出については9章で解説します。

　そして、領域分類では、画像の中の物体を認識した上で、それを取り囲む領域をマーキングします。やや高度な画像認識である画像セグメンテーションについては、主に10章で詳しく説明します。

なお本書では、画像データの処理（画像処理）を少し触れるものの、主に狭義の画像認識に絞って解説しています。ただし、一部の表現では、画像認識という言葉を広義の「画像認識」の意味で使っている箇所もあるのでご注意ください。

Section 1-3 | 画像認識の「源流」

　次は画像認識や人工知能の研究や技術がどのように生まれ、どのように発展してきたかを考えましょう。

　どのような研究や技術もそうですが、何の脈略もなく、突然誕生したわけではありません。画像認識もまた、それまで蓄積されてきた研究や技術が発展し、複数の研究や技術が互いに交流することで生まれました。逆に言えば、画像認識には、複数の「源流」があるのです。

　では、具体的にどのような「源流」があるのでしょう。

　まずは、「パターン認識」です。パターン認識とは、文字、音声、画像などの特徴的なパターンを捉えて、その情報を使って有用な情報や処理につなげる研究領域です。たとえば、文字の読み取り（OCR）、音声認識、図形処理、画像処理、物体認識などはすべてパターン認識の技術を使って実現されています。画像のパターン認識は主に、「クラス認識＝画像分類」や「インスタンス認識＝領域分類」などに使われます。

　次が「コンピュータビジョン」です。コンピュータビジョンとは、「人工的な目」、つまりコンピュータとカメラのような周辺機器やセンサーなどを使って、世界を視覚認識するための研究領域です。コンピュータビジョンは画像認識の最も近い「先祖」に位置付けられます。

　最後が「人工知能」であり、これはコンピュータビジョン同様に、画像認識のもう1人の親と呼ぶべき存在です。ただし、人工知能自体、明確な定義がなく、研究領域が膨大で、認知科学、ロボティクス、機械学習、最適化理論、パターン認識、音声認識、画像認識、自然言語処理など、他の研究領域との境界線も曖昧です。

そのため本書では、画像認識の源流を理解する前に、まずは画像認識と関連の深い人工知能研究の歴史と、現在の画像認識の技術的位置付けについて簡単に整理しておきます。

画像認識と関連の深い人工知能の歴史

人工知能について少しでも勉強したことがあれば、人工知能の研究がこれまで順風満帆ではなかったことをご存知でしょう。現在は夢の研究領域のように語られる人工知能にも、かつては「AIの冬」と呼ばれる厳しい時代があったのです。

■人工知能の歴史

	[歴 史]	
1950年代	第1次AIブーム	人工知能（AI）の言葉の誕生
1960年代	第2次AIブーム	初期の人工知能
1970年代	停滞期	AIの冬
1980年代	第2次AIブーム	機械学習：エキスパートシステム商用化
1990年代	機械学習成長期	ニューラルネットワークなどの開発
2000年代	第3次AIブーム	ディープラーニングの登場
2010年代	実用	注目され実用化が進んでいる

年表の通り、人工知能の歴史上、いくつかの重要な出来事と発見があります。それを、第1次ブーム、第2次ブーム、そして現在の第3次ブームに分けて見ていきましょう。

まず第1次ブームは、1940年代にマカロックとピッツが「形式ニューロ

ンモデル」を発表したことで始まります。ニューロン（神経細胞）とはそもそも生物において情報処理を担う細胞であり、生物の脳は、多数のニューロンが網の目のように結合してネットワークを形成することで情報を処理しています。

　形式ニューロンモデルとは、ニューロン同様に、人工ニューロンの形成とそのネットワーク化（ニューラルネットワーク）により、情報を処理できるようになることを数理モデルにより示したものです。そして、1950年代になると、ローゼンブラットが形式ニューロンモデルやニューラルネットワークを実装した「パーセプトロン」を発表します。これにより、考える機械、すなわち人工知能の可能性が生まれ、第1次AIブームは頂点を迎えました。しかしその後、ミンスキーにより、「単純パーセプトロン（simple perceptron）は「線形分離不可能」なパターンを識別できない＝解くべき課題のルールとゴールが明確なら解が見つけられるものの、そうでないと見つけられない」ことが指摘され、第1次AIブームは終焉を迎えます。

　1970年代になると、ラメルハートが「誤差逆伝播法（バックプロパゲーション）」というアルゴリズム考案したことにより、新たな可能性を切り開きました。バックプロパゲーションは、ニューラルネットワークの学習と「多層パーセプトロン＝パーセプトロンを多層化したモデル、線形分離不可能なパターンも識別できる」の開発を可能とし、人工知能は第2次ブームを迎えたのです。第2次ブームでは、「知識ベース＝推論処理で利用できるように形式化された知識の集合」や「データマイニング＝データの集合から情報を抽出し、自動的にパターンを発見する分析手法」などが研究されます。しかし、「エキスパートシステムにも限界があることが次第に明らかになった」ために、第2次ブームも下火に向かいました。

　そして現在、再びブーム（第3次ブーム）を迎えた背景には、インターネット上に蓄積された膨大なデータの存在とその解析を可能にする機械学

1
画像認識の概要

1-3 ｜ 画像認識の「源流」　19

習の進歩があります。この「深層学習」の技術を利用して、「畳み込みニューラルネットワーク (CNN) ＝人の視覚をモデルに考案されたニューラルネットワーク、主に画像認識で用いられる」が提案されます。そしてグーグルは猫の画像データを大量に AI に読み込ませて新たに入力された画像が猫であることを自動的に識別できるようにしたのです。AI は今、大きなブレークスルーを迎えていると言えるでしょう。

■深層学習の重要なトピック

2006 年　ジェフリー・ヒントンの研究チームが、多層ニューラルネットワークによる深層学習の手法を提唱

2009 年　画像認識のデータセットである ImageNet がスタート

2012 年　トロント大学 SuperVision チームが畳み込みニューラルネットワーク AlexNet を発表

2012 年　グーグルが YouTube の映像を学習させて、人間の顔に反応するニューロンの平均画像と猫の顔に反応するニューロンの平均画像を獲得する研究を発表

2014 年　イアン・グッドフェローらが 2 つのニューラルネットワークを互いに競わせて入力データの学習を深めていく「GANs」を発表

2014 年　フェイスブックが、人間に近い正確さで画像の中の顔をマッチングできる人工知能ソフトウェア「DeepFace」を開発

2016 年　グーグル傘下の DeepMind が、コンピュータ囲碁プログラム「AlphaGo」を開発し、人間のプロ囲碁棋士を互先（ハンディキャップなし）で初めて破る

2018 年　グーグルが、自然言語処理モデル「BERT」を発表

2019 年　人工知能（ディープラーニング）分野の先駆者 3 人、Yoshua Bengio、Geoffrey Hinton(Twitter)、Yann LeCun(Twitter) が 2018 年の「A.M. チューリング賞（A.M. Turing Award）」受賞

2020 年　Alphabat 傘下の DeepMind の AlphaFold2 が CASP で優勝

ここで、人工知能や機械学習の進歩と、深層学習における画像処理の考え方を整理しましょう。そもそも、人工知能、特に機械学習の進歩により、人間とコンピュータが担当するタスクは徐々に変わってきました。それを図示したのが以下です。

■人とコンピュータが担当するタスクの変遷

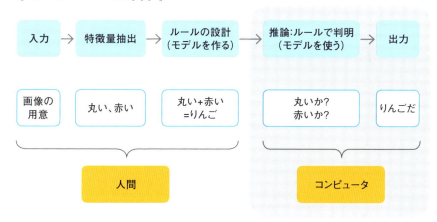

《 機械学習の時代 》

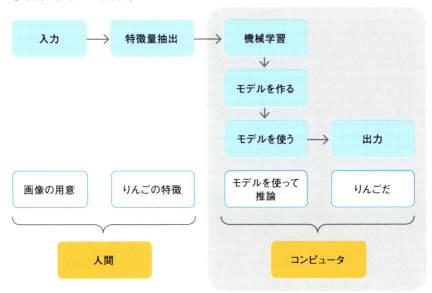

《 ニューラルネットワークの時代 》

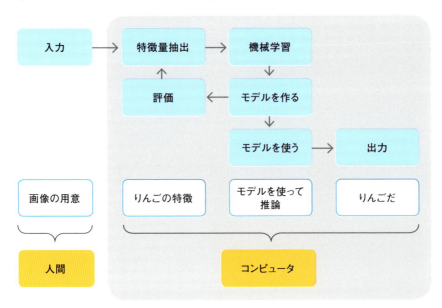

《 深層学習の時代 》

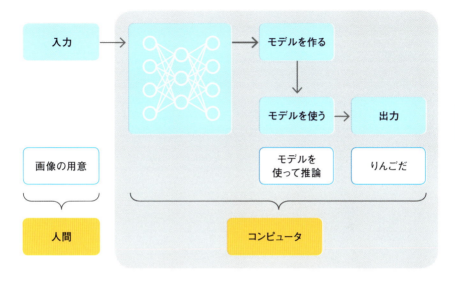

　このように人工知能手法が変化することで、人が煩雑な作業から開放されつつあります（ただし、データの準備がまだ大変な作業として、残されていますが……）。この人とコンピュータの担当するタスクが変わってきたことで、深層学習が画期的に成果を出せるようになってきたと筆者は考えています。本書でこれから解説する「機械学習による画像認識」や「深層学習による画像認識」を理解する上でも、これら作業の手順、人とコンピュータの作業分担を把握しておくことは役立つでしょう。

Section 1-4 機械学習や深層学習に必要な知識

　1章の最後で、最先端の画像認識技術を支える機械学習と深層学習を理解する上で、不可欠な知識を紹介しましょう。画像認識の分野でキャリアを積みたい人には、必須となる知識です。

数学の知識

　言うまでもなく数学はすべての科学技術の根本であると言っても過言ではありません。機械学習と深層学習の研究開発でも、数学は非常に重要です。特に、先端研究の領域では自らAIモデルを開発する必要があり、そのためには数学の知識が必須となるでしょう。

　ただし、数学がわからなくても、機械学習のすべての仕組みを理解していないと、機械学習を使ってはいけない訳ではありません。現在、機械学習、深層学習のために、様々なライブラリやフレームワークが開発されています。

　難解な理論、複雑な数学的な演算はそのライブラリやフレームワークに組み込まれ、隠蔽されています。そのため既存のAIのライブラリやフレームワークを利用してアプリケーションを開発するのであれば、高度な数学の知識は必要ありません。

　数学などの専門家でなくても簡単に利用できるAIのライブラリやフレームワークの代表例に、TensorFlowやPyTorchがあります。実際、TensorFlowやPyTorchを使って自分の実現したい機能を実装しているITエンジニアの方が多いでしょう。

英語の知識

IT の世界では、世界規模でのコミュニケーションが盛んです。閉じた世界で独学するのは時間の無駄です。そもそも、インターネットの文化の根底にあるのは、「繋がる」「共有する」という思想です。そして、世界と「繋がる」「共有する」には、共通の言語、すなわち英語が必要になります。

特に第一線の IT エンジニアや研究者たちは、日常的にインターネット上で情報を共有し、刺激し合っています。ブログ、YouTube、Facebook, Twitter といった SNS だけでなく、GitHub や GitLab、Bitbucket などを通じてプログラミングコードで議論し、会話しているのです。

オープンソースプロジェクトにおけるコラボレーションも盛んです。StackOverflow などの Web サービスで質問すれば、一流の IT エンジニアが答えてくれることもあるでしょう。また、そうした質問 - 回答情報を閲覧することでスキルアップを図れます。

さらに、人工知能、機械学習の世界では毎日のようにインターネット上で、様々な研究手法や論文が発表、更新されています。情報の良し悪しを自分で判断する必要はありますが、英語の重要キーワードで検索すれば、有用な情報を見つけることもできるでしょう。社会人 1 年生の時、半日四苦八苦してあの手この手で検索しても見つからなかった情報を、先輩が数分でインターネットから見つけたことを今も鮮明に覚えています。情報を見つけるためのスキルは必要ですが、鮮度の高い情報を入手するには日本語だけではなく、英語による検索能力が必要になるのです。

画像認識（機械学習・深層学習）ツールの知識

　画像認識（機械学習、深層学習）を研究、開発する上で、画像認識（機械学習・深層学習）ツールの知識も必要となります。代表的なツールには、以下のものがあります。

■画像認識（機械学習・深層学習）関連のツール

Jupyter Notebook	データ処理の作業に重宝するツールで、クラウド版もある。ブラウザでUI起動して、ノートブックの形で、メモを書き込む同時に、Pythonのプログラムも実行でき、プログラム実行の結果や出力したグラフなどを確認できる
Google Colaboratory Jupyter	JupyterNotebookと同様の機能を持つツール
Amazon SageMaker Jupyter	JupyterNotebookと同様の機能を持つツール

■画像認識ライブラリ

機械学習	scikit-learn	機械学習の代表的なアルゴリズムが一通り揃ったライブラリ。チュートリアルが豊富で、機械学習の入門の定番と言ってもいい
	OpenCV	画像処理（コンピュータビジョン）の古典的な定番ライブラリ。画像処理や画像認識のタスクで必ずと言っていいほど使われる。最近、機械学習の内容も追加されてよりパワフルになった

深層学習	TensorFlow	グーグルが提供するオープソースの深層学習フレームワーク。機能が豊富で、グーグルのインフラやハードウェア（TPU）との相性も良く、深層学習フレームワークで一番人気
	PyTorch	Facebookが提供するオープソースの深層学習フレームワーク。論文登場数も多く、研究者に愛用されている
機械学習・深層学習共通	Matplotlib	グラフを描画するための定番ライブラリ
	Pandas	データを解析ツールを提供するライブラリ
	Pillow	画像表示など、画像処理機能を提供するライブラリ
	Numpy	数値演算を拡張したPythonライブラリ
	Scipy	科学計算用のライブラリ

他にスマホなど移動端末で使うフレームワークも提供されています。

■ 移動端末用機械学習ライブラリ

CoreML	アップルが提供するiPhone/iPad向け機械学習ライブラリ。スマホなどの限られたコンピューティング資源を最大限効率良く使えるように最適化されている
Android MLKit	グーグルが提供する機械学習ライブラリ。iOSとAndroidの両方で利用できる

　なお近年、画像認識の機能がクラウド上でAPIサービスの形で提供されるようになってきました。こうしたAPIサービスを利用すれば、自分のアプリケーションの一部として、画像認識の機能を呼び出すことが可能です。また画像認識の機能だけではなく、画像をアップロードする機能、あるい

1-4 ｜ 機械学習や深層学習に必要な知識　27

はurlを指定すると画像を説明するテキストが返ってくる機能、英語のテキストを入力すると日本語に翻訳したテキストを返す機能を提供するAPIも提供されています。これらのＡＰＩを活用すれば自分のソフトウェアに「高度な機能」を組み込むことも可能なのです。

■画像認識のクラウドサービス（クラウドＡＰＩ）

Azure Cognitive Service	Microsoft Azureで提供されている画像認識のクラウドAPI。機械学習の専門知識がなくても、開発者が簡単に利用でき、AIの機能をアプリに埋め込むAPIを呼び出すことで、画像認識機能を組み込める。Microsoft Azureには、画像認識以外にも、自然言語処理、言語、音声の高度な人工知能の機能が提供されている
AutoML Vision	Google Cloud Platformで提供されている画像認識のクラウドAPI。画像分類、オブジェクト検出の機能が提供されている
AWS Rekognition	Amazon Web Serviceで提供されている画像認識のクラウドAPI。専門知識なしで、簡単に利用でき、ウェブ、移動端末などで、高画質のイメージ・ビデオ解析できる

2 章

画像認識技術の活用事例

　人工知能や機械学習の技術は現在、小説や楽曲の作成から、市場の変動予測、顧客の行動・購買分析まで、様々なビジネスや生活の場面で使われており、様々な成果を上げています。

　2章では、こうした人工知能や機械学習の事例のうち、最新の「画像認識」関連の活用事例を紹介します。これらは今後、技術が成熟することで、より良いサービスへと進化していくでしょう。

　なお、活用事例の中には、画像認識だけでなく、音声認識や自然言語処理など、複数の人工知能関連の技術を使っている事例もあるのでご注意ください。

Section 2-1 | 文字認識の様々な活用

　まずは、我々が日常的に使っている文字について、画像認識の活用事例を見ていきましょう。

　文字認識は、深層学習が実用化される以前から、一定の精度に達していたため、現場での活用もある程度進んでいました。さらに近年は、画像認識技術の進化により、書類や名刺、領収書やレシートなど、文字認識を活用する場面が爆発的に増えています。ここでは、深層学習技術による文字認識と、文字認識技術を使った機械翻訳などの事例を紹介します。

OCRによる文字認識

　文字認識の代表格といえば、OCR(Optical character recognition) です。光学文字認識を意味する OCR では、スキャナーなどで読み取った文字の画像を、コンピュータが文字コードに変換します。

　OCR を活用することで、紙に記載されている文字を手で入力する必要がなくなり、処理を自動化できるようになります。これにより、作業者の負担減と作業効率の向上が期待できます。

　そのため、より効率的で、より高速で、より高精度の文字認識の手法が求められています。近年は、OCR も最新の深層学習の手法を駆使することで、活字や手書き文字の認識率を向上させています。

■OCR技術の進化

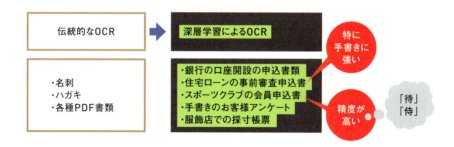

深層学習による文字認識（OCR）は、特に手書き文字で高い精度を実現させています。たとえば、コージェントラボが提供する技術を使えば、多言語の手書き文字入力にも対応できます。

■コージェントラボによる手書き文字の認識

青銅の魔人
江戸川乱歩
歯車の音

冬の夜、月のさえた晩、銀座通いりに近い橋のたもとの交番に、ひとりの警官が夜の見はりについていました。一時をとっくにすぎた真夜中です。
ひるまは、電車やバスや自動車が、縦横には せちがう大通りも、まるでいなかの原っぱのようにさびしいのです。
月の光に、四本の電車のレールがキラキラ光っているばかり、動くものは、何もありません。東京中の人が死にたえてしまったような さびしさです。
警官は、交番の赤い電灯の下に、じっと立って、注意ぶかくあたりを見まわしていました。濃い口ひげの下から、息をするたびに、白い煙のようなものが立ちのぼっています。寒さに息がこおるのです。
「オヤ、へんなやつだなあ。よっぱらいかな。」
警官が思わずひとりごとをつぶやきました。
キラキラ光った電車のレールのまんまん中を、ひとりの男が歩いてくるのです。青い色の背広に、青い色のソフトをかぶった大男です。この寒いのに外套も着ていません。
その男の歩きかたが、どビスへんなのです。お巡りさんが、よっぱらいかと思ったのも、むりはありません。しかし、よく見るとよっぱらいともちがいます。
右ひだりにヨロヨロするのではなくて、なんだか両足とも義足でもはめているような歩きかたなのです。人間の足で歩くのではなく、機械でできた足で歩いているような感じです。
顔は帽子のかげになって、よく見えませんが なんだかドス黒い顔で、それが少しもわき見をしないで、夢遊病者のように正面をむいたまま、ガックリガックリ歩いているのです。

[出典：株式会社コージェントラボ Tegaki]

これにより、郵便局であれば、手書きの郵便番号や住所を自動認識し、高い精度で仕分け作業を行えるようになります。実際、多くの企業でこうした文字認識技術を活用しています。金融機関では住宅ローン審査回答時間の短縮と30％の業務削減を実現し、大規模な物流センターや工場の出荷部署では荷物を自動で仕分けるなど、文字認識が効率的で正確な処理に寄与しています。

　またリコージャパンでは、月末に手作業で3500件の請求書を処理するなど、作業が集中していました。請求書のフォーマットがPDFやFAXなど多種多様で、残業続きでミスが多発していたのです。

　そこで、AI-OCRで請求データを一括でデジタル化し、RPAで処理作業を自動化することで、業務改善を実現しました。これにより、担当者の作業量や作業のミスが激減し、しかもテレワークが可能になったのです。

■深層学習によるOCR処理のイメージ

くずし字のAIによる文字認識

くずし字は、日本において江戸時代以前に使用されていた文字の一種ですが、おそらく一般の人は見ても読めないことが多いのではないでしょうか。

■くずし字の例

［出典：国文学研究資料館］

くずし字は現在使用される文字とは形状が大きく異なるため、解読が難しく、専門家が減少していることから、歴史的な文献や記録を解読、整理する上での障害となっています。さらに、経年劣化が進んでいることから、こうしたくずし字資料をデジタルデータで保存する機運も高まっています。

人が読めないくずし字を、AIに学習させれば、高い正解率で読み取れるようになります。AIによる文字認識は今後、さらに進められていくでしょう。

■ くずし字の文字認識

［出典：凸版印刷株式会社　ふみのは®］

文字認識と機械翻訳

　深層学習による文字認識は現在、様々な分野で応用されています。たとえば、Webページや書籍、看板やメニューなどに使われる機械翻訳がその一例です。

■ 機械翻訳

活字でも手書き文字でも、翻訳する前にその文字を1回「デジタルデータ」に変換しなければなりません。つまり、文字認識技術により、文字をデジタルデータに変換した上で、機械翻訳することで、こうしたサービスは実現されているのです。

車ナンバープレートの認識

　車のナンバープレートを認識し、駐車場の入退場を自動管理するサービスも実用化されています。数字、漢字、カナを文字認識することで、ナンバープレートを把握し、車両の入出庫を管理するのです（筆者の住まいの近所にあるスーパーでも導入されています）。

■ナンバープレートの識別

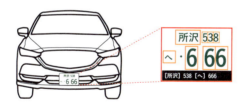

　今はこうした車両の入出庫管理は、ほぼ当たり前のようになっています。

Section 2-2 顔認識による出入国管理

　顔認識もまた、画像認識を応用した技術の一つです。人間の顔には、指紋と同様、同一なものはなく、すべての人が異なります。そのため、顔で人を識別できるわけです。

　入出国の際、誰もが出入国審査窓口の前で長蛇の列に並んだ経験があるはずです。長い空の旅の後、疲れきった体で長時間待つのは誰もが嫌でしょう。顔とパスポートとの照合作業を機械が担当すれば、作業を効率化できて、行列もなくなるはずです。

　法務省は現在、パナソニックと共同で、顔認識を活用したパスポート照合サービスを空港で開始しています。このシステムでは、パスポート所持者がゲートのカメラに顔を向けると撮影して、撮影した画像とパスポートの写真と照合します。同一人物であると認定すると、ゲートが開いて出入国できるのです。筆者も実際に利用しましたが、数秒で完了して、長い行列に並ぶ必要もありませんでした。

　顔認識はまた、空港だけでなく駅や施設の入構管理、あるいは監視カメラ映像分析や不審者侵入検出、犯罪者データベースとの照合、体温の検出やマスク装着の判定などにも使われています。

　顔認識は、人の感情分析などにも応用できます。人の喜怒哀楽、内心の動きは顔に出ます。人間の顔からは、多くの情報を収集できるのです。こうした「情報」をコンピュータで収集すれば、感情分析も可能になるのです。

Section 2-3 姿勢認識による転倒監視やスポーツ指導

身体の姿勢にも、顔の表情と同様に、感情や疲れといった多くの情報が含まれています。また、立った姿勢から座った姿勢、歩いている姿勢から走っている姿勢など、一つの姿勢から別の姿勢への変化からも、多くの情報が得られます。

たとえば、歩いている人が急に走りだせば、緊急事態が発生したのではないかと想像できます。また、立っていた人が急に座り込めば、具合が悪くなった可能性を示しているのかもしれません。

このように人の姿勢、姿勢の変化から得られる情報は様々なサービスに転用可能なのです。

老人施設での転倒監視

アジラでは、姿勢認識の技術を応用して、行動認識技術を開発しています。この技術では、畳み込みニューラルネットワーク（Convolutional Neural Network: CNN）と再帰的ニューラルネットワーク (Long short-term memory: LSTM) を利用して、対象人物の姿勢や関節の情報を検出・分析し、人の行動を認識するのです。

■アジラが開発した行動認識技術

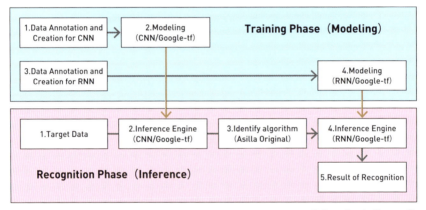

※ Google-tf：Tensorflow
[出典：株式会社アジラ]

　この技術を応用すれば、たとえば老人施設における転倒監視システムの開発が可能になるでしょう。

スポーツフォーム指導（ゴルフのポーズ、施設）

　人の姿勢（骨組み）を検出するライブラリも登場しています。GitHub上に公開されている「Realtime_Multi-Person_Pose_Estimation」というライブラリです。

このライブラリが優れているのは、複数の人の姿勢を同時に検出できる点です。骨格は、以下のように、部位ごとに色が変わって表示されます。興味がある方は、ぜひ実際に動かしてみてください。

■Realtime_Multi-Person_Pose_Estimation

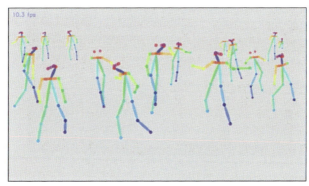

[出典：https://github.com/ZheC/Realtime_Multi-Person_Pose_Estimation]

　姿勢を検出するライブラリとしてもう一つ有名なのが、グーグルの提供するMediaPipe(https://github.com/google/mediapipe) です。いずれも、ゴルフのスイング、野球の打撃フォーム、ランニングフォームなどの解析に利用可能です。実際、スポーツメーカーなどで利用されています。

　なおMediaPipeは、対象者の顔、手、ポーズなどを同時に認識できるだけでなく、物体検出、もの追跡、文字認識などを高い精度で可能にするなど、単なる姿勢検出ライブラリの域を超えたソフトウェアです。このライブラリを利用すれば、「ダンスコーティング」「手話翻訳」なども実用レベルで実装できそうです。

■MediaPipe: Cross-platform, customizable ML solutions for live and streaming media.

[出典：https://github.com/google/mediapipe]

Section 2-4 医療画像の診断支援

　画像認識技術は医療画像診断支援にも使われています。医療の現場では、レントゲンやＭＲＩなど多種多様な画像データが記録、保管されています。深層学習の手法が登場する以前は、こうした大量の画像データはほぼすべて、人間が目視で診断などに利用してきました。内視鏡で撮影した体内の写真を癌の診断などに利用していたわけです。

　しかし近年は、画像認識と深層学習の技術が、レントゲン写真や内視鏡で撮影した写真が乳がんや潰瘍の検出、病気の診断などに利用されています。ここでは、こうした医療現場における深層学習による画像認識の事例を紹介します。

乳がんの検出

　マンモグラフィーは乳房専用のレントゲン検査です。透明の圧迫板で乳房をはさみ、薄く伸ばしてレントゲン画像を撮影し、画像から乳がんの兆候を見つけます。

■マンモグラフィーのレントゲン画像

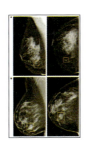

マンモグラフィーは比較的昔から行われてきた検査であり、これまでは主に経験を積んだ医師が目視で診断してきました。ただ、目視による診断では、見落としが発生する可能性があります。見落としをどのように防ぐかが、診断上の大きなテーマだったのです。

　そのような状況の下、2020年1月、米国の『Nature』で発表されたある論文が、大きな反響を呼びました。この研究では、英国7万6000人以上の女性と米国1万5000人以上の女性のマンモグラフィ画像をAIモデルに学習させることで、画像から乳がんの兆候を見つけることに成功したのです。しかも、ＡＩによる画像診断は、極めて精度が高く、偽陽性や偽陰性も少なく、正解率も高い。これは、放射線科医による乳がん検診を支援するシステムの実現が視野に入ってきたことを意味します。

■AIによる乳がんの診断

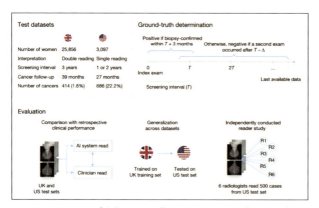

［出典：https://www.nature.com/articles/s41586-019-1799-6］

大腸癌の検出

　日本国内のがん死亡数第2位である大腸癌の早期発見は、多くの尊い命を救うことにつながります。そのため、大腸がんの早期発見に向けた共同プロジェクトが開始されました。

　国立がん研究センターとNECは、大腸がんの前段階にある大腸の画像25万枚をAIに学習させました。すると、「隆起型の診断については、経験豊富な内視鏡医と同程度」で、早期の大腸がんを検出できることがわかったのです

■早期の大腸がんの画像

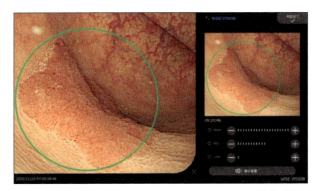

[出典：国立がん研究センター]

　これは、経験の浅い医師でも同ソフトを使えば、経験豊富な内視鏡医と同等に病変を発見する可能性を意味します。

　このように画像診断が医療現場に普及することで、今後、医療が大きく進歩するのは間違いないでしょう。

Section 2-5 | 園児の呼吸状態監視

　シンクチューブでは、昼寝中の乳幼児の呼吸状態を見守るモニターシステム「すやすやうぉっち」を開発しています。「すやすやうぉっち」は、人の眼で判別できない昼寝中のわずかな動きを AI が映像解析することで、乳幼児の呼吸状態を判断します。

　これまで保育園や幼稚園などでは、保育士が昼寝中の乳幼児に数分ごとに胸に手をあてて、乳幼児の呼吸を頻繁に確認することが必要でした。「すやすやうぉっち」を使えば、乳幼児の異常をいち早く発見できます。これにより、保育士の負担も軽減できるのです。

Section
2-6 ごみ処理の支援

　発展途上国などでは、衛生的な社会環境を維持することが困難です。そして、衛生的な社会環境を維持できないと、感染症や伝染病につながります。この課題を解決するため、様々なサービスが登場しています。

　たとえば、スマートフォンアプリ「SpotGarbage」では、「Garbage In Images（GINI）データセット」を学習した CNN を利用することで、ジオタグ付きの画像からごみのある場所のみを検出します。スマートフォン上には、平均 87.69% の精度でごみのある領域のみが分割されて表示されます。また、CNN を最適化することで、精度を落とさずにメモリ使用量を87.9%、予測時間を 96.8%削減できます。そのため、処理能力が限られたスマートフォンでも画像を認識できるのです。

　また、環境系プラントエンジニアリング企業である荏原環境プラントは、ごみ焼却施設におけるごみ識別 AI を搭載した自動クレーンシステムを開発しました。

　ごみ焼却施設では、燃焼排ガスの環境規制値の遵守のほか、効率的なごみ発電のために、焼却炉の燃焼状態の安定化がとても重要となります。そのため、ごみを焼却炉へ投入する前に、ごみピットと呼ばれるごみを貯めている貯留槽で、クレーンを操作して、水分の多いごみ（汚泥や剪定枝など）を他のゴミとよく混ぜる作業（攪拌）を行っています。

　これまでのごみの攪拌作業は、ごみピットの上部から運転員が視覚的にゴミの性状を認識し、必要に応じて、都度、クレーンを操作し、手動で攪拌を行う必要がありました。そこで、ごみ識別 AI を搭載した自動クレーンシステムの開発にあたっては、この「運転員の眼」を代替することが重

要課題でした。

■「運転員の眼」を代替する、ごみ識別AIを搭載した自動クレーンシステムによるごみの攪拌

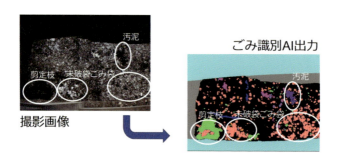

［出典：伊藤和也他, ごみ識別搭載自動クレーンシステム, エバラ時報, No.258, p.27-30（2019-10）］

　この自動クレーンシステムでは、カメラでごみピットの状況を捉え、AIでゴミの攪拌状況などを識別させます。荏原環境プラントは、高度な画像解析技術を持っている株式会社Ridge-iと深層学習を用いたごみ識別AIを共同で開発しました。

　その結果、クレーン操作時間の9割を自動化することができたそうです。これは、プラントエンジニアリング企業と画像解析技術企業との協業の成功事例と言えるかもしれません。

　このほかごみ処理の分野では、BHS(Bulk Handling Systems)社とZen Robotics社が共同で画像認識技術を利用したごみ処理分別ロボットを開発しています。

Section
2-7 販売現場における
自動会計・決済

　販売の現場ではすでに、画像認識技術を活用した自動会計・決済システムの導入が進んでいます。以下の写真は、ブレイン社が開発した自動会計・決済システムであり、日本のパン屋さんにもすでに導入されています。

■ブレイン社の自動会計・決済システム

［出典：株式会社ブレイン］

　いわゆるセルフレジであれば、すでに使ったことのある人も多いかもしれません。セルフレジでは通常、顧客が自ら商品についたバーコードを読み取ることで会計して、決済します。
　一方、ブレイン社の自動会計・決済システムでは、トレイをレジ台の上に載せると、パンの画像から商品名（パンの種類）を自動識別した上で、価格情報を取得して、合計金額を表示します。いちいち商品をスキャンす

る必要がないため、お店にとって人員削減になるだけでなく、顧客にとっても時間短縮につながるわけです。

　パンのようにバーコード管理が一般的でない商品にとって、このような自動会計・決済システムは福音とも言えるでしょう。今後、こうした自動会計・決済システムは、パン以外にも、様々な販売の現場で活用されていくのではないでしょうか。

Section 2-8 | 小売現場における マーケティング支援

　ECを中心に小売業は人工知能の活用に積極的で、AIを活用したマーケティングシステムなどを使っています。多くのECサイトが購入履歴や行動履歴などのデータに基づいて、「商品のリコメンド」「類似商品の表示」といった様々な販促施策を当たり前のように実施しているのです。

　では、画像認識の技術は小売現場でどのように利用されているでしょう。最もわかりやすい事例に、フリマアプリにおける商品登録があります。

　フリマアプリに出品する際には、新しいアイテムを登録するたびに、カテゴリーなどを選定しなくてはなりません。これは、慣れないユーザーにとってかなり面倒な作業です。

　そのため、多くのフリマアプリには現在、出品された商品画像を自動認識して、登録カテゴリー候補を表示する機能が実装されています。この機能は、過去の登録画像データを大量にAIに学習させることで実現されました。これにより、ユーザの入力負荷を軽減させたのです。

■楽天フリマにおけるカテゴリー候補の表示

　このように、画像認識技術はユーザー体験の向上にも一役買っているのです。

Section 2-9

工場などにおける外観検査や検品

　工場などの製造現場における競争力の源泉の一つに、生産性があります。生産性が低いと、製品コストが高止まり、市場で淘汰されてしまいます。競争優位性を維持するには、つねに新しい技術を積極的に導入し、生産性を高めなくてはなりません。

　そのため近年、製造現場でも様々なAI技術が積極的に導入されるようになりました。このうち、画像認識技術が利用されているのは主に、外観検査や検品といった作業です。ここでは、いくつかの活用事例を紹介しましょう。

自動車部品などの外観検査

　たとえば、グローバルで自動車ギア部品を製造・販売する武蔵精密工業では、画像認識技術を利用してギア部品の検品（外観検査）を自動化するプロジェクトを試験的に進めています。それを実現しているのが、NVIDIA社のDGXワークステーションを中核とするAIシステムです。

　このシステムでは、DGXワークステーションが、処理負荷の高い深層学習による画像認識タスクを担うことで、検品作業の学習済みAIモデルを構築し、学習させています。その上で、学習済AIモデルを、NVIDIAが提供するJetsonTX2というコンパクトなデバイスに搭載することで、検品の自動化を可能にしているのです。

実際の検品作業は、学習済 AI モデルを搭載した JetsonTX2 を以下のようなロボットアームに搭載することで、実施されます。AI が不良ポイントを自動的に識別することで、外観を検査しているのです。

また、ファナックは人工知能のベンチャー企業である PFN（Preferred Networks）と共同で、スマートフォン用の外枠 (バンパー) を外観検査するシステムを開発しています。このシステムでは、学習済の AI モデルを利用して、検査時に連続で 90 枚の写真を撮影し、その画像からキズの有無を約 22 秒間で判別します。

食品などの検品作業

食品の検品で難しいのは、形や大きさ、色や焦げなど、不良品のパターンが多様で、すべてのパターンを AI に学習させるのが難しいことです。そのためキューピーは、ベビーフード用ダイスポテトの検品作業に画像認識技術を活用するにあたり、発想を転換しました。すなわち、不良品ではなく、良品のパターンに当てはまる画像を AI に学習させ、それに当てはまらない商品を不良品とみなすことで、検品作業を実施できるようにしたのです。これは、他の分野でも応用可能なアプローチと言えるでしょう。

キューピーでは、このシステムを導入することで、高い精度で不良品を検出できるようになりました。AI を活用したシステムは、人のように疲労による集中力の低下や長時間の作業に伴う作業効率低下などが発生せず、作業効率を一定に保てるからです。

マグロの検品

スマートフォンアプリ上でマグロを検品する取り組みも始まっています。電通と電通国際情報サービスが、双日と共同開発した Tsuna

Scpope(https://tuna-scope.com/jp/) です。

　マグロは日本人の食の歴史と伝統を支える重要な存在です。そして、熟練の職人はマグロの尾の断面から、色艶や身の締まり、脂の入り方などを見極め、マグロの味や鮮度、食感を瞬時に判断します。こうした数十年の経験によって培われた、職人の「目利き」の技術は現在、後継者不足により失われつつあります。

　Tsuna Scope のプロジェクトでは、そうした職人の技を伝承するべくチャレンジしています。具体的には、深層学習で大量のマグロの尾の断面画像を深層学習で AI に学習させ、構築した AI モデルを使ってマグロの身質を判定する取り組みを行っているのです。

　学習の結果、Tsuna Scope による判定は、マグロの目利きとして 35 年間働いた職人の判断と約 85% 一致しました。また、Tsuna Scope が選定したマグロ約 1,000 皿を試食した客のうち、約 9 割が味に満足したそうです。

　Tsuna Scpope は現在、日本の焼津や三崎、中国の大連の水産工場における冷凍マグロの検品フローに導入されています。

　この事例は言語化しにくい職人のノウハウを AI が学習できるという一つの例です。今後は、AI により、食品の鮮度と美味しさが確保される時代になるのかもしれません。

Section 2-10 物流現場におけるピッキング作業の支援

　物流の現場では、ピッキング作業での間違いがトラブルにつながることも珍しくありません。また、検品作業にも手間がかかり、それが人手不足の一因となっています。
　そのため、速く、正確に物品をピッキングし、検品するために、画像認識技術が利用されています。

■画像認識技術を使ったピッキングイメージ

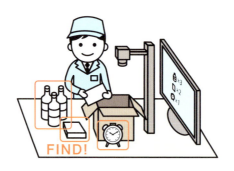

　現在、画像認識技術を利用して、スマートフォンのカメラにかざすだけで、ピッキング対象の型番・マニュアルを確認できるサービスが提供されています。
　こうしたサービスを利用すれば、経験の浅い作業員でも手軽に作業効率化と作業ミス低減を図れます。また、スマートフォン上にマニュアルを表示すれば、教育コストの削減にもつながるでしょう。

■スマートフォンを利用したピッキング作業のイメージ

　こうした画像認識技術を使った、ピッキング支援サービスは現在特に、型番の多い部品のピッキング作業などで活用されています。

Section 2-11 農業現場における生産性向上

　農業の分野でも、人工知能の利用が積極的に進められています。農業では、AIとIoTを組み合わせて、センサーや人工衛星などからのデータを活用するケースが多いようです。

　画像認識関連では現在、色、サイズ、形状などを認識して収穫する「自動収穫システム」のほか、農作物の自動分別、損傷検出、生育状況把握、収穫のタイミング判定などが行われています。ここでは、キャベツの出荷量をドローンとAIで予測する取り組みを紹介しましょう。

　キャベツ農家は通常、出荷先と契約の上、決められた期日に決められた量のキャベツを出荷しなくてはなりません。そのためには、日々、キャベツ畑を管理して、キャベツの生育状況を把握する必要があります。一方で、日本の農業従事者は減少傾向にあり、人がキャベツの畑を歩いて育成状況をすべてチェックするのは困難です。

　そこで、スカイマティクスは、画像認識技術を用いて畑にあるキャベツの結球部分を検出するシステムを開発しました。まず、ドローンを利用して上空からキャベツ畑の写真を撮影します。撮影した高精細な画像を深層学習のデータセットにして、AIに学習させました。その結果、システムはキャベツの生育状態や個体の認識をできるようになったのです。

　システム上で、大きなキャベツはピンクの枠で、小さなキャベツは青の枠で確認できます。緑と黄色の枠は平均的なサイズのキャベツを示しています。これまで、農家が勘と経験で生育状況を把握してきましたが、このシステムを使えば、より正確な育成状況を把握できるのです。

いかに少ない労力で、これまで同様の高品質な農業製品を生産するかは、日本の農家に共通する課題です。今後は、データを学習した AI がさらに賢くなり、賢くなった AI がより多くのデータを収集することで、AI がさらに賢くなるという好循環も生まれていくでしょう。このシステムを進化させることで、将来的には、キャベツの収量予測も可能になるかもしれません。

2-11 ｜ 農業現場における生産性向上

Section 2-12 施設やオフィスのセキュリティ管理

　近年、施設やオフィスの安全安心を守る技術がますます求められるようになっています。従来、セキュリティ対策の一環として施設やオフィスに設置されていたのは監視カメラでした。しかし監視カメラを設置しても、つねに人が目視で監視していなければ、インシデント発生時にすぐに対応できません。

　しかし、監視カメラと画像認識技術を組み合わせれば、人による常時監視なしで、インシデントの発生を感知できるようになります。AIを搭載した監視カメラ、すなわち映像解析システムは「危険な状況」「不適切な画像」「不審な人物」を検出できます。

　日立製作所が開発した人物特定ソリューションでは、高精細の監視カメラで常時施設内を撮影していて、対象人物の服装や手荷物などを指定すると、録画したカメラ映像から類似する人物を高速で絞り込みます。対象の人物が映ったカメラの位置と時刻を特定することで、特定の人物を発見・追跡するのです。

　このシステムでは、監視カメラに顔がはっきり映っていなくても、AIが瞬時に解析します。そのため、空港など人が密集する場所でも不審者や不審物を検知し、追跡できるのです。

Section 2-13 衛星写真の解析

　繰り返し使える宇宙ロケットや超小型人工衛星の開発・運用、宇宙空間に漂うデブリの清掃など、宇宙ビジネスに参入するスタートアップが増えてきました。また、人工衛星の打ち上げるコストが劇的に下がったことで、人工衛星から地球を俯瞰した高解像度の衛星画像を使ったサービスも登場しています。

　たとえば、米国のベンチャー企業、Orbital Insight の画像認識技術を使えば、このような高解像度の衛星画像から、店舗の売上高と駐車場にある自動車の台数との相関を解析するなども可能です。この技術では、画像内の自動車や飛行機、建物や道路などのカウントを可能にしているからです。

　また、米サンフランシスコに拠点を置く Planet は、88 基の小型人工衛星を打ち上げ、高解像度の衛星画像データをデータベースに蓄積しています。データベースに蓄積された画像データと Orbital Insight の技術を組み合わせれば、より高度な解析も可能でしょう。

　さらに、その衛星画像の解析することで、オイル備蓄量の増減を推測できます。実は従来から、石油備蓄タンクの航空写真を撮り、備蓄量を分析する取り組みは行われてきました。タンク内のオイルの量によって内部蓋は上下に変動するため、貯蔵タンク本体との間にできる影に違いが生じます。衛星から貯蔵タンクの上の蓋の写真を取れば、その影の形状から、それぞれのタンクに石油の備蓄量を推測できるわけです。

　同様に人工衛星から撮影した画像を分析することで、ターゲット地域のソーラーパネルの導入状況を把握したり、農作物の収穫量を予測したり、貧困地域を見つけ出したりといった取り組みも行われています。

■人工衛星で撮影したソーラーパネルの衛星画像

[出典:https://cloud.google.com/blog/products/ai-machine-learning/how-sunpower-puts-solar-on-your-roof-with-ai-platform]

　このように衛星画像は今後、ビジネスや行政などで様々な用途で活用されていくでしょう。

Section 2-14 画像の高解像度化

　深層学習による画像認識は、画像の高解像度化やカラー化にも活用されています。

　教科書に載っているような歴史上の人物の画像は、当時のカメラの性能限界と時間の経過のために、歪んで色あせた古い白黒写真としてしか残っていません。こうした古い画像を、深層学習による画像認識技術を使って、最新のカメラで撮影した高精細のカラー画像に変換する研究も進められています。

　従来の画像復元技術でもノイズの除去、色付け、高解像度化は可能でしたが、それぞれ独立して処理する必要がありました。しかし、深層学習のフレームワークを使えば、これらの効果を統一的に一括で処理できます。また、被写体の特徴とポーズを捉えて、まるで現代のカメラで撮影したような効果的な復元が可能になるのです。

■深層学習のフレームワークを使った古い画像の復元

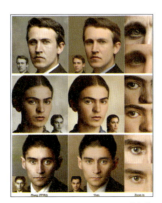

［出典：Time-Travel Rephotography］

画像の高解像度化、カラー化はまた、映像にも応用できます。
　古い映像は、多くの場合、モノクロで、動きがおかしかったり、破損もしていたりして、現代人から見れば、とても見づらいことも珍しくありません。映像は通常、1秒間24枚（24フレーム）の画像を高速に入れ替えることで構成されます。その古い画像を一つずつ深層学習による画像認識技術によって、再生スピードやブレを補正し、色を付け、高解像度化（4K）することで、古い映像も現代の機材で撮影したような映像に生まれ変わるのです。
　実際、そうした映像がユーチューブ上にアップされています。以下の映像は、1900年頃の米国、日本、ドイツの映像です。
　ちなみに、サンフランシスコの映像は、サンフランシスコ大地震の4日前に撮影したものだそうです。この地震では、約3千人死者が出て、都市部の80％が破壊されました。
　こうした映像は、当時の人々の服装や、風習を実際に見る貴重です。深層学習による画像認識技術は、貴重な歴史的資料を保全する上でも、重要な意味を持っているのです。

■1911年のニューヨーク

［出典：YouTube（https://www.youtube.com/watch?v=hZ1OgQL9_Cw）］

■1906年のサンフランシスコ

［出典：YouTube（https://www.youtube.com/watch?v=VO_1AdYRGW8&t=302s）］

■1913-1915頃の東京

［出典：YouTube（https://www.youtube.com/watch?v=MQAmZ_kR8S8）］

■1902年のドイツWuppertalのモノレール（The Flying Train）

［出典：YouTube（https://www.youtube.com/watch?v=EQs5VxNPhzk）］

3 章

画像処理と画像認識

　この章では、そもそも画像とは何か、アナログ画像とデジタル画像の違いはどこにあるのかなどを見ていきます。これにより、どのように画像認識が実現されているかが理解できるようになるでしょう。また画像認識の前には通常、様々な画像処理が必要になります。ここでは、画像認識で求められる画像処理についても紹介します。画像処理は、機械学習と深層学習の前段階ですが、処理が適切かは、後続の学習結果に大きく影響します。そのため、画像処理の手法やその用途についてはきちんと理解しておく必要があるのです。

Section 3-1 そもそも画像とは何か

カメラの変遷

　そもそも、画像はどのように生成されているでしょうか。最も一般的な画像生成の手段はカメラです。

　カメラはレンズを通して人間の目で見える景色を記録として残すために開発されました。カメラの歴史を遡ると、フィルムがなかった時代に行きつきます。

　小さな穴を通った光が壁に外の景色を映すのは、紀元前からよく知られていました。これは、光学の基礎として認識されていたのです。

■光が壁に外の景色を映す

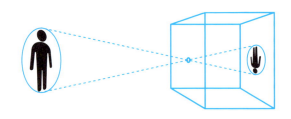

　この仕組みを利用して作られたピンホールカメラが、カメラの原点と言えるでしょう。この初期のピンホールカメラは、針穴の反対側にあるスクリーンに景色などを映すだけの装置で、いわゆる画像を写真として残す撮影機能は持っていませんでした。

この装置は15世紀頃に改良され、「カメラ・オブスキュラ（小さな暗い部屋という意味）」と呼ばれるようになります。カメラ・オブスキュラは、写生の道具として欧州の画家たちの間で流行しました。フィルムなど感光材料がなかった時代、人間が手で（映像を）「撮影」していたのです。

■カメラ・オブスキュラ

［出典：wikipedia］

　16世紀に入ると、より明るい画像が得られる凸レンズを使ったカメラが登場します。ただしこのカメラにも、ピンホールカメラと同様に、撮影機能はありませんでした。主に、より明るい画像をなぞって正確に写生するために使われていたのです。

　感光材料（フィルム）による撮影が可能になったのは、19世紀に入ってからのことです。ただしこの時代、1枚の写真を撮影するのにかかる時間（露出時間）は約8時間。被写体が動けば、撮影画像がブレるため、動くものは撮影できませんでした。

　1839年になると、フランス人のルイ・ダゲールが、銀メッキした銅板を感光材料として使う「ダゲレオタイプ」という技術を開発します。ダゲレオタイプでは、写真の露出時間は30分程度に短縮され、フィルムに相当する銀板そのものが写真になります。そのため、撮影できる写真は一枚だけで焼き増しはできませんでした。

そして 1841 年には、現在の銀塩写真にも使われている「ネガポジ法」が イギリスのウイリアム・タルボットによって開発されます。その原理を使っ て開発されたのが現在の写真フィルムの前身です。1888 年、米国イースト マン・コダック社から発売され、1935 年にはカラーフィルムが登場。その 後、写真は加速度的に普及していきました。そして、1994 年、カシオ計算 機が、画像をデジタル方式で記録し、液晶パネルを搭載した QV-10 を発表 すると、カメラの主流はデジタルカメラに一気に移行していったのです。

デジタルカメラの特徴

ユーザーにとって、デジタルカメラとフィルム式カメラの大きな違いは、 写真を撮るコストと手間なのかもしれません。

フィルム式カメラでは、写真一枚を撮影するために一枚のフィルムが必 要で、しかも現像しなくてはなりません。そのためユーザーは、貴重なフィ ルムを無駄にしないように慎重に撮影し、ネガから現像する写真を選び、 カメラ屋に現像を依頼していました。

一方、デジタルカメラの場合、ユーザーは気軽に写真を撮影し、画面上 でお気に入りの写真を選び、必要のないものは削除します。フィルムを交 換する必要もなければ、フィルム代も現像代もかかりません。

こうしたデジタルカメラとインターネットが普及したことで、どのよう な事態が生じたでしょう。多くの人が、日常的に大量のデジタル画像を生 成し、インターネットを通じて、家族や友人、知り合いなどと共有するよ うになったのです。その結果、インターネット上には、大量のデジタル画 像が蓄積されるようになりました。

そして、こうしたデジタル画像こそが、画像処理、画像認識を可能にし たのです。

Section 3-2 視覚と光

　ここでは、人が画像をどのように認識しているのかを理解しましょう。
　人は、フィルムで撮影した写真であれ、デジタルの写真であれ、見た瞬間すぐに画像を認識できます。これは、人が直接物を見たときにも、写真を見たときにも、同じ視覚の仕組みで対象物を認識しているためです。すなわち、視覚情報を脳で処理する上で利用しているのは、目に入ってくる光なのです。
　人の目には、光の濃淡や強弱、色などを認識する機能が備わっています。光がなければ視覚も存在しません。長い進化の過程で、光に反応するように人の目は進化して、現在の視覚能力を手に入れたのです。
　太陽や電球のような光源から発せられる光の色は、赤、緑、青の「光の三原色」で構成されます。人は、この赤、緑、青の組み合わせで光の色を認識しています。

■光の3原色＝赤、緑、青（RGB）

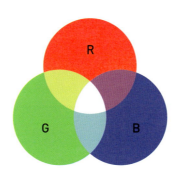

では、光源ではない物体をどのように認識しているのでしょうか。
　人間の眼は、光を十分に受けると、物体が反射した光源からの光を確認し、物体の色を認識します。そのため、物体の色は、その物体が反射している光の色となります。たとえば赤い花は、光源の光を受けると、その光のうち赤色の光だけを反射します。それ以外の色の光は花が吸収してしまい、赤い色の反射光のみが目に届くわけです。
　私たちの眼の奥にある網膜には、光の明るさを感じる「かん体」と光の色を感じる「すい体」という2種類の細胞があります。色のセンサーの役割を果たす「すい体」には、「光の三原色」（赤、青、緑）に対応する3種類があり、それぞれの感じた信号の強さを脳で処理することで、色の点を認識します。そして、その点をつなげて面にすることで、物体の色を認識しているのです。

■人の眼の色センサー

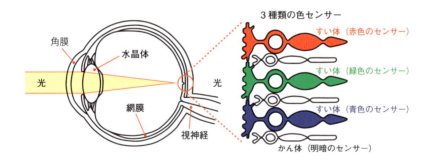

　コンピュータが画像を認識するには、この光をデータとして処理できるようにする必要があります。人間は写真を見れば、瞬時にわかりますが、それは進化の過程で繰り返し「学習」した結果です。しかし、コンピュータはどのような写真も数値の配列でしか捉えられません。

■ 人とコンピュータの画像認識の違い

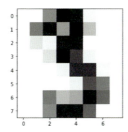

　フィルム画像を極大まで拡大するとわかるように、アナログ画像を構成するのは化学反応した一つひとつの粒子であり、その粒子の濃淡と分布が写真となっています。一方、デジタル画像を構成しているのは、ドットであり、ディスプレイ上のピクセル画像です。

■ ディスプレイ上のピクセル画像

　ピクセル画像はデジタルデータであり、数値の配列としてコンピュータでも処理可能です。データ処理することで、コンピュータは画像を認識しているのです。ただし、モノクロのデジタル画像は、単純に白と黒と、白と黒が異なる比率で混合するグレーで構成されているので、データ処理は容易です。

■モノクロのデジタル画像

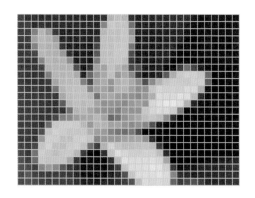

　カラーのデジタル画像の場合、コンピュータは色を認識する必要があります。ここでも、重要になるのは光です。一つひとつの「点」における「光の三原色」（赤、青、緑）の強さを数字で表現すれば、物体の色を表現できます。それが、色の表現法であるRGBです。テレビやコンピュータのディスプレイにおける色の表示は、このRGBに基づいています。ルーペ（虫眼鏡）を使ってコンピュータ・ディスプレイで見れば、RGBの三色で構成される小さな領域が確認できるはずです。

　なお、このように数値で色を設定し、座標で指定する形式は、一般に「色空間」と呼ばれています。色空間には、RGBのほかに、雑誌や書籍などの印刷で使われているYMCKがあります（ほかにも、用途に応じて、HLV、HL、LAB、YUVなどの色空間があります）。YMCKでは、イエロー（Y）、マゼンタ（M）、シアン（C）の3原色と、暗さを調節するブラック（K）を混ぜ合わせることで色を指定します。

■色空間:CMYK

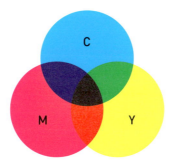

Section
3-3 画像処理の原理

　画像処理とは、2次元や3次元の画像データを加工したり、特性を読み取ったりする技術全般を指します。たとえば、カメラの撮像素子（CCD/CMOS）が取得した画像データの色や形を加工し、文字や形状などの特徴情報を抽出するのも画像処理です。

　画像処理は、コンピュータが画像認識する上で欠かせない技術です。画像処理はさらに、ほとんどの画像認識の前に実施する「共通の前処理」と、目的や必要に応じて取捨選択して実施するやや高度な「特殊な前処理」に分けられます。ただし現場では、両者を区別せずに一括して「画像処理」と扱うことも珍しくありません。

■画像処理から画像認識の流れ

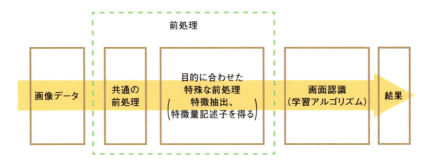

　本書では、画像認識に至るまでの画像に対する操作はすべて画像処理として扱います。画像処理では通常、画像の特徴を抽出できるようにするため、画像データを整えます。画像処理が有効であれば、後続する画像認識

の精度が高くなり、速度が早くなります。一方、画像処理が有効でないと、画像認識の精度や速度に悪い影響をもたらすこともあります。

画像処理には、目的や対象に応じていくつかの手法があります（次項で説明します）。これらの手法は、単独で使うことも可能ですが、通常はいくつかを組み合わせて使用します。学習対象などによって、画像データをそのまま入力データとすることもあれば、特徴抽出器で画像データの特徴量記述子を一回抽出した上で、その特徴記述子を入力データとすることもあります（特徴量と特徴量記述子については「3-5　特徴量検出と特徴量記述」で解説します）。

また実際の画像処理にあたっては、OpenCV(https://opencv.org/) などのオープソースのライブラリを利用します。これらのライブラリには、豊富なアルゴリズムが用意されています。そのため、画像処理のためのプログラムをゼロから書く必要はありません。

画像認識は、画像処理や特徴量抽出の上で成り立つものであり、1章で説明したように本書では、デジタル画像データを必要な処理を経て、画像にある物体や有用な情報を認識するまでのプロセスを画像認識として扱います。

3

画像処理と画像認識

Section 3-4 基本的な画像処理の手法

　まずは、基本的な画像処理の手法を紹介します。基本的な前処理には、平滑化、鮮鋭化、モルフォロジー変換、画像補正、画像幾何変換などがあります。ここでは、それぞれを簡単に解説しましょう。

平滑化（smoothing）

　平滑化はノイズの多いデータのノイズを除去したり、濃度値の細かい変化を少なくしたりすることで、画像を見えやすくするために使われます。平滑化の画像処理には通常、平均値フィルタ、重み付き平均値フィルタ、ガウシアンフィルタ、メディアンフィルタなどが使用されます。

　平均値フィルタでは、3×3画素であれば、9画素の平均を取ります。下の左図に平均値フィルタを使うと、下の右図のようになります。

■平均化フィルタを使った画像処理

［出典：Wikipedia］

一方、重み付き平均値フィルタを使うと、原点に近いほど重みをつけて平均化し、ガウシアンフィルタを使うと、ガウス分布より求めた重みに基づいて平均化します。そしてメディアンフィルタを使うと、画像の濃淡レベルの中央値に基づいて平均化するのです。なお、メディアンフィルタには、エッジが保存されやすいという長所があります。

鮮鋭化（sharpening）

鮮鋭化は、ぼやけた画像を鮮明にする画像処理です。鮮鋭化では、平均化と同様に、「エッジ＝輪郭など濃度値が急激に変化している箇所」を検出します。アンシャープフィルタを使うと、画像の濃淡を残してエッジを強調します。なおエッジ検出には他にも、Sobel微分、Scharr微分、Laplacian微分といった手法があります。

■アンシャープフィルタを使った画像処理

［出典：Wikipedia］

モルフォロジー変換（Morphological transformation）

モルフォロジー変換とは、ノイズの多い２値画像のノイズを除去するために使われるシンプルな画像処理です。モルフォロジー変換には、「膨張」と「収縮」といった基本処理のほか、オープニングやクロージング、トッ

プハット変換やブラックハット変換、モルフォロジー勾配といったやや複雑な処理があります。

膨張は、中心の画素を周辺の中で最も高い値（明るい）に置き換えます。膨張処理された画像のオブジェクトは太くなります。

■膨張による画像処理

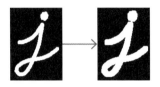

[出典：opencv]

収縮は、中心の画素を周辺の中で最も小さい値（暗い）で置き換えることで、明るいノイズを取り除きます。膨張処理された画像のオブジェクトは細くなります。

■収縮による画像処理

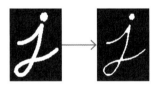

[出典：opencv]

オープニングでは、収縮をn回実施した後、膨張をn回実施します。中心オブジェクト外のノイズ除去に有効です。

■オープニングによる画像処理

[出典：opencv]

クロージングでは、膨張をn回実施した後、収縮をn回実施します。中心オブジェクト内のノイズ除去に有効です。

■**クロージングによる画像処理**

［出典：opencv］

モルフォロジー勾配では、膨張した画像と収縮した画像の差分を取ります。その結果、物体の外郭(境界線)が得られます。

■**モルフォロジー勾配による画像処理**

［出典：opencv］

トップハット変換では、入力画像とオープニングした画像の差を取ります。明るい部分の抽出に有効です。

■**トップハット変換による画像処理**

［出典：opencv］

ブラックハット変換では、入力画像とクロージングした画像の差を取ります。暗い部分の抽出に有効です。

■ブラックハット変換による画像処理

[出典：opencv]

画像補正（Image correction）

　画像補正とは、画像の撮影の段階や写真を生成時に発生するコントラスト、明るさ、色を補正する処理です。たとえば、カメラ撮影時に取り込む光量が少ないときに明るさを補正するのによく使われるヒストグラム変換も画像補正の一つです。

画像幾何変換（Image geometric transformation）

　幾何変換とは、物体を今ある位置から別の位置へ移動させる処理です。主な画像幾何変換には、並進、スケーリング、回転、アフィン変換、射影変換があります。

　並進は物体の位置を平面上平行移動させる処理であり、スケーリングは画像のサイズを変更する処理です。画像を拡大・縮小するスケーリングは線形変換とも呼ばれ、処理の結果、画像数が増えたり減ったりすることもあります。

　回転は、名称の通り、画像をある特定の角度、ある点を中心に回転させる処理です。

■回転処理

[出典：opencv]

　アフィン変換は線型変換（回転、拡大縮小、剪断）と平行移動を組み合わせた処理です。処理には変換行列が使われ、処理の前後で並行性が保たれます。変換行列の算出には、入力画像と出力画像の対応点の座標が少なくとも3組必要となります。

■アフィン変換による処理

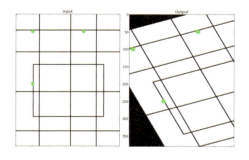

[出典：opencv]

　射影変換は、配景対応を有限回続けて行うことにより、1つの図形を他の図形上に対応させる処理です。処理には3×3の変換行列が使われ、処理の前後で直線性が保たれます。変換行列の算出には、少なくとも4組の対応点の座標が必要になり、これら4点の内どの3点をとっても同一直線上に載らないような4点を選ばなくてはなりません。射影変換は、撮影したドキュメントの台形補正などでよく使われます。

■ 射影変換による処理

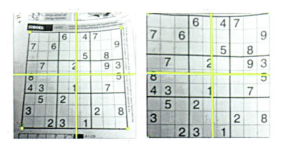

[出典：opencv]

　なお、開発現場で使われる画像処理にはこのほか、「直線の検出」「円の検出」「エッジ」「輪郭の検出」などがあり、画像の圧縮、3次元画像の処理、動画解析などを画像処理に分類することもできますが、本書では紙面の都合で解説を割愛します。

Section 3-5 特徴量抽出と特徴量記述

特徴量は、分析するべきデータや対象物といった学習対象の特徴を「生データ」から数値化したものです。特徴量は、「データのどの部分を参考にパターンを見つけ出すか」を判断するための指標となります。

生データとは、たとえば人の身長、体重、体温、心拍数です。株価や天気、あるいは「昨日お客さんがパンを2つ買った」「ある車のある部品が2つ壊れた」などもデータと言えるでしょう。つまり、データは無限にあると言っても過言ではありません。

生データから特徴量を抽出する手法もたくさんあり、同じ生データから、様々な特徴量を作り出すこともできます。ただし、特徴量の種類によって、時間、手間がかかることもありますし、ある学習モデルにある特徴量を学習させると良い結果が出ることもあります。また、学習モデルに簡単に取り込める特徴量もあれば、取り込みが難しい特徴量もあります。

そのため、学習対象や目的、特徴量と学習モデルの相性などに応じて、抽出する特徴量を選定、作成する必要があり、特徴量に合わせて効果的な学習を実現できる学習モデルを選定しなくてはなりません。

特徴量エンジニアリング

このように、生データから、学習対象や目的、特徴量と学習モデルの相性などに応じて、学習モデルを選定して最適の特徴量を作り上げるプロセスは、「特徴量エンジニアリング（feature engineering）」と呼ばれます。

かつて、生データの収集と処理、データから特徴量の抽出は人が担って

いましたが、ニューラルネットワークの登場以降、一部はコンピュータが担うようになっています。とはいえ、特徴量エンジニアリングの多くは、依然としてデータサイエンティストが担う重要な作業であり、データの本質を理解する上でも必須となっています。

■特徴量エンジニアリング

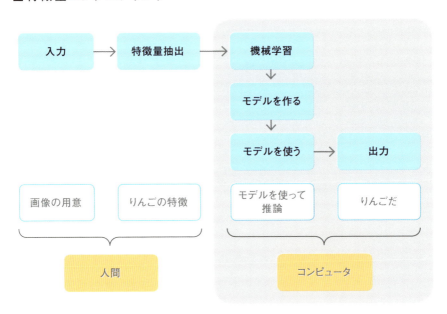

特に機械学習では、学習モデルにデータを渡す前に、人が良質な特徴量を抽出しておかなくてはなりません。これがおそらく機械学習において、一番重要で一番泥臭い作業かもしれません。

特徴量エンジニアリングはさらに、「1　特徴の選択」と「2　特徴の抽出」の2つの作業に分けられます。

1 特徴の選択：データの中の重要な属性を見極めて、選ぶ作業です。画像では、エッジやコーナーなどの特徴の位置や向きなどが考えられます。こういった少し高度な特徴を表現、記述したものは特徴量記述子と呼ばれます。

2 特徴の抽出：選んだ属性（特徴）を事前に処理する作業です。実際の計算処理を通して、特徴量記述子を算出、取得します。特徴量記述子を学習モデルに渡すため、画像の中のエッジ、コーナーのような特徴を抽出します。たとえば、エッジを抽出する処理には、Harris コーナー検出やSHIFT、SURF などがあります。場合によっては、さらに抽象度の高い特徴を算出することもあります。

　特徴量エンジニアリングにあたっては、作業の目的を明確にしなくてはなりません。すべての課題に最適な学習モデルはありません。解決する課題に合わせて試行錯誤しながら、最も効果的な学習モデルを選定しなくてはならないのです。なお、特徴量記述子とその特徴量記述子を抽出する処理を混同しないように注意してください。

　画像処理でよく登場する特徴量抽出手法には、Harris コーナー検出、SIFT (Scale-Invariant Feature Transform)、SURF (Speeded-Up Robust Features)、RIEF (Binary Robust Independent Elementary Features)、ORB (Oriented FAST and Rotated BRIEF)、HOG（Histogram of Oriented Gradients）などがあります。ここでは、代表的な HOG を解説しましょう。

HOG（Histogram of Oriented Gradients）とは

　HOG は、上述のようにコンピュータビジョンや画像処理において、物体の検出を目的とした特徴量抽出の手法です。HOG 記述子を使えば、画像内の局所的な物体の外観や形状は強度勾配やエッジの方向の分布によって記

述できます。HOGでは、画像の局所的な局所領域(セル)の画素値に発生した勾配(輝度:明るさ)の向きを数えることで、特徴量を抽出します。この手法で抽出した特徴量は、HOG特徴量と呼ばれます。

　HOG記述子は当初、静止画像内の歩行者を検出するために使われていましたが、その後機能を拡張することで、動画中の人間の検出や静止画像中の様々な一般的な動物や乗り物の検出にも使われるようになっています。

　画像の再単位はピクセルですが、HOG特徴量を抽出するにはピクセルの値をそのまま利用するのではなく、画像をセルと呼ばれる小さな連結領域に分割します。その上で、各セル内のピクセルについて、隣接ピクセル間の輝度の値の差を計算します。すると、下図のように、Y方向の上から下まで輝度が100から50まで変化して、勾配が50となります。同様に、x方向の変化（の絶対値）は「120 − 70 = 50」です。

■HOG特徴量の抽出

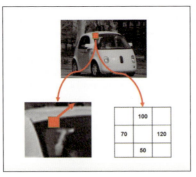

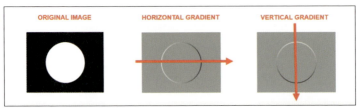

[出典：Analyticas Vidhya]

このピクセル間の値の差は、画像勾配（image gradient）と呼ばれます。計算方法は非常に単純です、隣接のピクセルのx方向の差とy方向の差をそれぞれ計算して、その計算結果を2次元のベクトルとして表現するのです。

　記述子は、これらのヒストグラムを連結したものです。

■ 画像勾配とHOG記述子

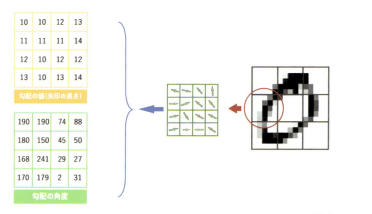

［出典：opencv］

　局所的なヒストグラムをコントラストで正規化すれば、さらに精度を向上させることが可能になります。正規化により、照明や影の変化に対する耐性が向上するからです。

　たとえば、それぞれのピクセルの近隣するピクセルに対する角度および輝度の勾配を計算できます。この角度と輝度の勾配をヒストグラムにすると、次のようなグラフが作成できます。

■ 角度と輝度の勾配をヒストグラムにしたグラフ

[出典：opencv]

さらに、この数値を角度付きで図示すると、周囲に放射的に刺す矢印が可視化されます。

■ 数値を角度付きで図示

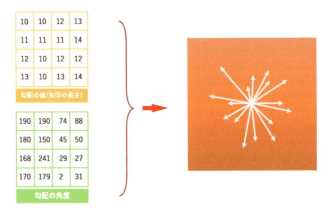

[出典：opencv]

　HOG記述子は、他の記述子に比べていくつかの利点があります。たとえば、局所的なセルで動作するため、物体の向きを除き、幾何学的な変換や写真学的な変換に影響されません。歩行者が直立した姿勢を維持している限り、個々の体の動きを無視することができます。そのため、HOG記述子は画像中の人物検出に適しているのです。

■HOG記述子による画像中の人物検出

 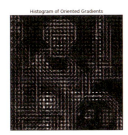

［出典：opengeus］

　なお、特徴量による物体検出については、5章で例示しながら解説します。

4章

機械学習の基本

　3章ではアナログ画像とデジタル画像、基本的な画像処理、さらにデジタル画像の特徴量抽出を、その方法論とともに解説しました。

　4章では、ニューラルネットワークや畳み込みニューラルネットワークの基礎となる、機械学習の重要概念とキーワードを解説します。また、機械学習の重要なアルゴリズムについても紹介しましょう。これらは、画像認識の前提知識として重要です。そして、機械学習による画像認識を可能にする、簡単で代表的な手法を紹介します。

Section 4-1 | 機械学習とは

　機械学習とは、人間が明示的にプログラミングせずに、コンピュータにデータから学習させるための技術です。

　機械学習の目標の1つに、「分類器 (classifier)」の作成があります。分類器とは、たとえばリンゴとミカンの写真を見せたら、それがリンゴかミカンかを「分類」するものです。機械学習では、この分類器を人ではなく、コンピュータが作ります。このように機械学習では、人が担当している作業を可能な限りコンピュータに担わせているのが大きな特徴なのです。

　そもそも人工知能の研究は、長い間、ルールベース・アプローチを採ってきました。分類するためのルールの分岐構造という一番重要な処理は人間が担い、コンピュータが自動的には作れないと考えていたのです。

　機械学習登場以前のAIと機械学習登場後のAIの違いを、1つの例で見ていきましょう。

　ルールベースのシステムで手書きの「あ」と「い」を認識するシステムを作成したとします。Aさんが書く文字の特徴（どこで、曲がるか、曲がり具合、線の傾き）を人が抽出し、ルールの形式でまとめ、そのルールをプログラミングするのです。しかし、同じAさんでも毎回「あ」と「い」の書き方が少しずつ変化します。また同じシステムでBさんやCさんの手書き文字も対応しようとすると、ルールの書き換えや拡張といったメンテナンスが必要になります。容易に想像できるように、このシステムで手書き文字を認識するのは現実的ではないのです。

　一方、機械学習をベースにしたシステムであれば、こうした課題に対応できます。Aさんの手書き文字だけでなく、BさんやCさんの手書き文字

の特徴を自ら学習するからです。認識対象が増えても、ルールの書き換えや拡張は必要なく、自ら分類器を訓練し、高い精度で手書き文字を認識してくれます。このように、機械学習はAIの可能性を広げたのです。

機械学習ベースの分類器による画像の分類

では、機械学習ベースの分類器はどのように画像を分類しているのでしょう。

入力された画像がりんごなのか、ミカンなのかを認識するタスクがあるとします。このタスクでは、下図のような未知の画像入力に対して、分類器がそれを認識して、事前に学習済のクラス（種類）に分けます。

■「入力画像がりんごかミカンなのか」を認識するタスク

ここからもわかるように、機械学習による画像認識で一番重要なのは分類器です。

なお機械学習を独学したい人には、scikit-learnのチュートリアルがおすすめです。scikit-learnには、機械学習の例題とライブラリがたくさん上がっていて、様々なデータセットもそのまま使えます。アルゴリズムを簡単に呼び出せるので、機械学習の優秀な学習リソースとして利用できるのです。

機械学習の分類

　機械学習の基本が分類器であることは理解しました。次に、機械学習のタイプを見ていきましょう。機械学習は大きく、「教師あり学習」「教師なし学習」「強化学習」の3つに分類されます。

■機械学習の分類

　この他にも、「半教師あり学習」「バッチ学習」「オンライン学習」「インスタンスベース学習」「モデルベース学習」といった分類もありますが、最低限、この3つを理解しておけば、機械学習の基本は理解できます。
　次項以降で、上記3つの機械学習と、それぞれの学習でよく使われるアルゴリズムなどを解説していきます。また、機械学習のアルゴリズムは先駆者の研究者の努力により数多く考案されていますが、代表的なものを解説します。
　なお、ここで解説するのは、画像認識専用ではなくより汎用的な手法やアルゴリズムとなります。そのため、画像認識における応用についても解説しましょう。

Section 4-2 教師あり学習

　教師あり学習における教師とは、人ではなく、データの属性です。写真データであれば、その写真に写っているのが猫なのか、犬なのかという分類「ラベル」が付いているということです。手書き文字の「8」であれば、画像データに「8」というラベルが付いていることになります。これらのラベルが、教師あり学習における「教師」です。逆に言えば、分類器を訓練するには、ラベル（教師）が必要なのです。下図のように、便宜上同じラベルの写真データを同じフォルダに入れて、そのフォルダ名がラベルになっていることもあります（フォルダの名称が「正解教師ラベル」になることもあります）。

■ 教師あり学習における「教師」

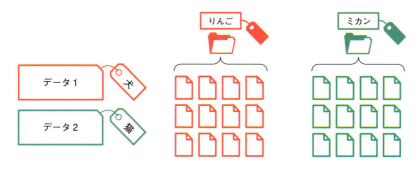

　では、教師あり学習は何ができて、どのような目的で使われるのでしょう。教師あり学習が向いているタスクとは、「分類 (classification)」と「回帰 (regression)」です。以下でこの2つを解説します。

教師あり学習による分類

　分類とは、たとえば2種類のものを認識して分けること。りんごをりんごと認識し、みかんをみかんと認識して分けることも分類です。ただし100% 正確に認識できるわけではないため、りんごかみかんかという2つのカテゴリに属する「可能性」あるいは「確率」を算出します。そのため、しばしば「予測」という表現が使われます。

　また、分類のタスクでは、複数のカテゴリを同時に予測することはありません。たとえば、「ビン」か「カン」か「ペットボトル」かを予測しつつ、同時に「りんご」か「みかん」かを予測することはないわけです。

　予測するカテゴリが2種類の場合は「2クラス（two-class）」または「バイナリ分類（binary classification）」と、カテゴリが2種類以上の場合は「多クラス分類（multi-class classification）」と呼ばれます。たとえば、手書き数字の認識には0-9まで10種類のカテゴリがあるため、多クラス分類の処理となるのです。

　代表的な機械学習の分類アルゴリズムは以下の通りです。

■代表的な機械学習の分類アルゴリズム

- ·k近傍法
- ·決定木
- ·ランダムフォレスト
- ·SVM
- ·ニューラルネットワーク

なお、k近傍法、SVM、ニューラルネットワークについては5章で詳しく解説します。

教師あり学習による回帰

回帰とは、分析対象の一連の特徴量（たとえば、アパート・住宅の築年数、立地、家賃の金額など）からターゲットの数値（たとえば、ある場所のある中古アパートの家賃）を予測することです。

分類では、入力のデータ（画像も含む）がどのクラスに属するかを予測するのに対して、回帰では数値を予測します。たとえば、過去の株価の変動傾向から、未来のある時点での株価、つまり数値を予測するのです。

回帰では、下図のように、対象データの分布から、そのデータを「表現」できる直線を見つけ、この直線を使って予測します（xからyを計算したり、yからxを計算したりします）。

■ **教師あり学習による回帰の予測**

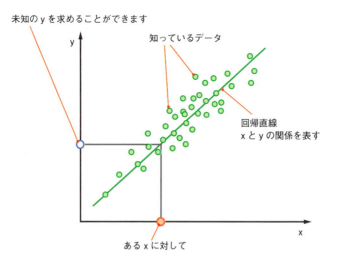

代表的な教師あり学習による回帰アルゴリズムは以下の通りです。

■代表的な機械学習の回帰アルゴリズム

線形回帰
・ロジスティック回帰
・k近傍法
・決定木
・ランダムフォレスト回帰
・SVM回帰
・ニューラルネットワーク

教師あり学習において、分類と回帰のどちらのアルゴリズムを使うかは、予測したいのが「カテゴリ」か「数値」かによって決まります。

Section
4-3 | 教師なし学習

　教師なし学習では、正解となるラベルを教師として利用しません。たとえば、画像データが大量にあっても、データには「りんご」か「みかん」かのラベル（分類したいカテゴリー）が付いていません。

　教師なし学習では、こうしたデータから特定の規則性とパターンを発見します。では、教師なし学習は何ができて、どのような目的で使われるのでしょう。教師なし学習が向いているタスクとは、「クラスタ解析 (cluster analysis)」「次元削減 (dimension reduction)」「相関ルール学習 (Association rule learning)」「異常検知 (anomaly detection)」です。

教師なし学習によるクラスタ解析

　クラスタリングやクラスタ分析とも呼ばれるクラスタ解析とは、次の図のように、データの属性によってグループになる傾向を見つけ出すことです。クラスタ解析のクラスタとは、データ間の類似度に基づいて分けられたグループであり、グループ分けすることで似た性質のデータをわかりやすく示します。

■ 教師なし学習によるクラスタ解析

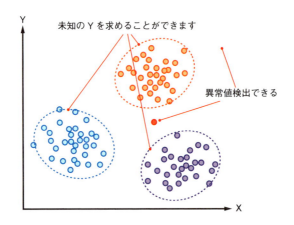

　上図からは、人が見てもデータが3つのグループに分けられるのがわかりますが、平面上に視覚的に認知できないデータもあります。しかし、教師なし学習によるクラスタ解析を使えば、視覚的に認識できないデータのクラスタも発見できるのです。

　代表的な機械学習のクラスタ解析アルゴリズムには、非階層型と階層型があります。非階層型は、階層を作らずにデータをグループ分けする手法です。k-平均法（k-means）などの非階層型クラスタ解析では、最終の分割が初期の分割の影響を受けやすくなります。非階層型は、トップダウン型あるいは分割型(divisive)とも呼ばれます。

　非階層型クラスタ分析は、以下のような3つのステップで進められます。

ステップ1：データサンプルの中から、任意の2つのデータを選定し、その2つのデータを起点とする
ステップ2：ステップ1で選定したデータに最も近いポイントのクラスターに分類する
ステップ3：新しいクラスターの重心を求め、この重心を新しい「起点」とする

■ **非階層型クラスタ解析**

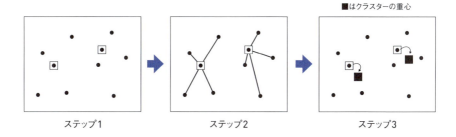

一方、階層型クラスタ解析は、階層（クラスタ）を作りながらデータをグループ分けする手法です。近いデータ同士をグループ分けして、少しずつクラスタを成長させることで、最終的なクラスタ解析の結果を得ます。階層型は、ボトムアップ型、あるいは凝集型 (agglomerative) とも呼ばれます。

■ **階層型クラスタ解析**

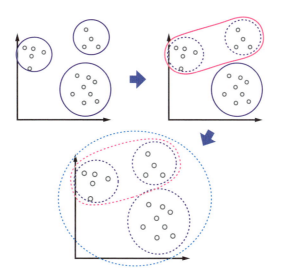

次元削減（dimension reduction）

　教師あり学習の前処理としてよく使われる次元削減は、「データの次元（特徴量の数）」を減らす手法です。次元削減を説明する前に、「次元の呪い(Curse of dimensionality)」の話をしましょう。次元の呪いとはデータの次元が多くなり過ぎて、データで表現できる組み合わせが飛躍的に多くなってしまい、その結果、効果的な学習結果が得られなくなることです。

　つまり機械学習では、学習データが多いほど正解率向上につながる一方で、多すぎるデータの次元は正解率向上につながらないのです。そのため、学習する前に、データの特徴量を吟味して関係ないデータを削除して、次元削減する必要があります。

　代表的な可視化と次元削減のアルゴリズムには、「PCA（principal component analysis）」「LLE(locally linear embedding)」「t-SNE(t-distributed stochastic neighbor embedding)」があります。このうち、主成分分析とも呼ばれる PCA は Scikit-learn のライブラリにも実装されていて、よく使われる優秀な次元削減アルゴリズムです。教師あり学習の前処理として役に立つため、5 章で詳しく解説します。

相関ルール学習（Association rule learning）

　アソシエーションルール学習とも呼ばれる相関ルール学習は、大量のデータから、相関関係を見つけ出す学習であり、データマイニング（Data Mining）の分野でよく登場します。相関ルール学習を使えば、たとえば EC サイトで、商品 A を購入した顧客は商品 B を購入する傾向があるという傾向を発見できます。

　代表的な相関ルール学習のアルゴリズムには、「アプリオリ（Apriori）ア

ルゴリズム」があります。

異常検知（anomaly detection）

異常検知は、異常なデータを検出する学習です。正常なデータを把握した上で、大量の正常なデータの「特徴」を学習することで、そこから著しく乖離するデータを「異常データ」として検出します。

代表的な異常検知のアルゴリズムには、「k-近傍法（k-nearest neighbor algorithm, k-NN）」があります。k-近傍法については、5章で詳しく解説します。

Section 4-4 強化学習

　強化学習とは、与えられた条件下で得られる価値を最大化する方法を、試行錯誤しながら探索し続ける学習です。

　強化学習には、教師となるデータのラベルはないものの、エージェントが置かれた環境から行動した結果に対するフィードバックが与えられます。環境はある行動に対して、プラスあるいはマイナスの報酬をエージェントに与えるのです。

■強化学習における行動と報酬の関係

　エージェントは、環境からフィードバックに基づいて、繰り返される学習の中で、最も報酬が得られるように行動を調整します。学習の精度を上げて結果として、我々が期待する「正しい」あるいは「理想的」な問題を解決する「能力」を「習得」するのです。

　強化学習の有名な事例に、Google傘下のDeepMindが開発した囲碁学習プログラム「AlphaGo」があります。コンピュータが人間に打ち勝つのは最も難しいゲームと考えられてきた囲碁において、AIが人に勝利を収めた

ことは世界に衝撃をもたらしました。なお、同社が開発したAlphaFold2は、2020年11月、CASPタンパク質の折り畳み質構造予測コンテストで最も高い精度を達成しています。CASPでのAlphaFold2による成果は「驚異的」であり、生物学の世界において50年間破れなかった壮大な課題に対して、最も高い正答率を叩き出したのです。AlphaFold2は原子の幅でタンパク質の形状を予測できるとされており、次のノーベル生物学賞を受賞してもおかしくないと絶賛されています。

　ここまで、教師あり学習、教師なし学習、強化学習という3つのタイプの学習を解説しました。最後に、3つの学習の特徴を図解で整理しておきましょう。

■教師あり学習、教師なし学習、強化学習の特徴比較

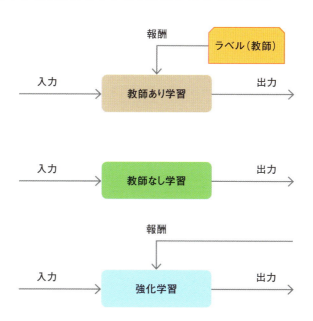

Section
4-5

学習データと
データの入手

　機械学習において、学習データは極めて重要です。ほとんどの機械学習のアルゴリズムはしばしば、大量のデータを与えなければ正しく動作しません。人間にとって単純な問題でも、AI が正確な画像認識や音声認識のタスクを実現するには、数万、数百万の訓練学習データが必要なのです。一説によれば、機械学習の業務の 80% が、学習データの準備に費やされているとも言われています。

　ただし、学習データは量さえあればいいわけではありません。データの質も学習結果に大きく影響します。機械学習のプロジェクトでは、データの有効性と品質がプロジェクトの成否を決める決定的要因です。有効な特徴を含んでいない、機械学習に寄与しないデータをどんなに大量に集めても、有用な結果を得られません。

　機械学習において質の高い学習データの入手は必須です。通常、「自社のデータを利用する」「スクレイピングする」のいずれかで学習データを入手します。自社データとは、これまで蓄積された研究データや業務データであり、画像認識であれば、AI 学習用に新たにデジタル画像を撮影・収集することも少なくありません。その際に重要になるのは、単にデータを収集するのではなく、プロジェクトの目的を明確にした上で、何のために、どのようなデータが必要であり、どのような方法でデータを収集するかの方針を明確にすることです。また、最初から高品質のデータが大量に収集できることは稀であり、価値の高いデータを集めるには試行錯誤が必要となります。

　一方、スクレイピングは、インターネットから画像や映像、テキストな

どの情報を抽出するソフトウェア技術です。通常は、google image downloader（https://github.com/hardikvasa/google-images-download）などのツールを使って、目的に応じて情報をWebサイトで公開されている有償・無償のデータ（有償・無償）を集めます。また、学習データはKaggle(https://www.kaggle.com/)やSIGNATE（https://signate.jp/）といったデータ分析コンペティション・プラットフォームなどにも用意されています。

ただし、どのデータを利用するときも、利用には十分な注意が必要です。配布先の規約や利用の規定を確認した上で利用するようにしましょう。それ以外、様々な団体組織、会社などが公開しているサービスのAPIを利用するのも1つの手です。

学習用データと検証データ

機械学習のプロジェクトでは通常、学習データのほかに検証データを用意して、学習の結果を検証します。一般的なのは、準備したデータセットのうち、学習データを8割、検証データを2割にするやり方です。もちろん、必ずしもこうしなければならないわけではなく、場合によっては学習データ7割、検証データ3割にしてもいいでしょう。プロジェクトの特徴や性格などに応じて、臨機応変に決めて構いません。

■学習データと検証データ

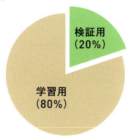

なお、データセットを学習データと検証データに分けるのは、機械学習のみならず、深層学習も同様です。また、多くの機械学習フレームワークには、学習データと検証データを自動的に分ける機能も用意されています。

過学習（overfitting）

過学習とは、学習データが持つある特徴を過剰に学習したり、偏った学習データばかりを学習したりすることが原因で、学習後に未知のデータに対する予測の正解率が下がる現象です。これは、機械学習でも深層学習でも起こり得ます。

ニューラルネットワークには、過学習を防ぐためのドロップアウトという手法が用意されています。ドロップアウトでは、ニューラルネットワークにドロップアウト層を設けることにより、ドロップアウト層で全結合層と出力層の間を接続する一部ニューロンをランダムに切断し、前層からの過度な特徴の重複を減らし、過学習を防ぎます。

過学習に対して、データセットから十分に特徴を捕捉できずに、学習効果を達成できないことは、「学習不足 (underfitting)」と呼ばれます。

■学習不足、適切な学習、過学習

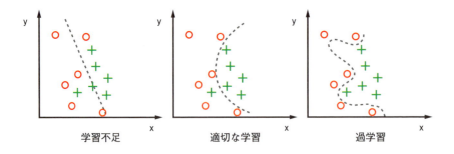

なお機械学習では、品質の高いデータを用意しても、アルゴリズムに投入する前に、ひと工夫する必要があることも珍しくありません。また最近は、少ない訓練データでも高い認識率を達成する優秀なアルゴリズムも開発されています。

　理想的な学習結果につなげるため、どのようなデータを、どのようなデータ表現で、どのくらいの量が必要になるかを、日夜、データサイエンティストたちが試行錯誤しているのです。

4

機械学習の基本

Section 4-6 機械学習プロジェクトのロードマップ

　個人の趣味で開発するプログラムであれば、深く考えずに、とにかく手を動かして、興味の赴くままでやってみても構いません。しかし、業務などに貢献する、製品やサービス、あるいはソリューションを構築する上では、準備が極めて重要になります。

　そこで4章の最後では、一般的な機械学習プロジェクトのロードマップを紹介しましょう。プロジェクトの内容や目的によって実際のロードマップは変わってきますが、機械学習のプロジェクトで一般的に実施される作業とプロセスは共通しています。

■機械学習プロジェクトのロードマップ

《 スタートフェーズ 》

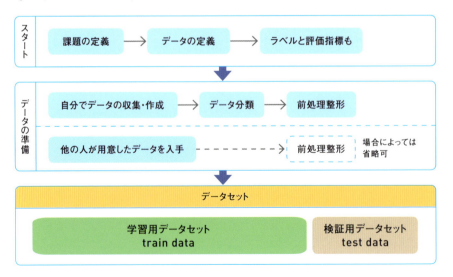

《 検証・評価フェーズと応用フェーズ 》

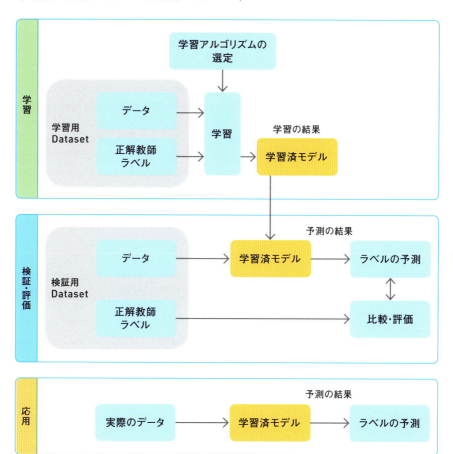

　なお、ここには記載していませんが、プロジェクト開始前には、「予算：プロジェクトを成功させるための時間と資金の確保」「開発要員の確保：機械学習、深層学習を理解、活用できる人材の育成」「データ：データの収集方法の整備、データを整理、蓄積する工数の確保」「設備：機械学習や深層学習で必要な高性能なコンピューティンリソースの確保」といった組織としての準備も必要になります。

5章

機械学習による
画像認識

　5章では、機械学習による画像認識で使われる代表的な手法を紹介します。深層学習ほど強力ではありませんが、膨大な演算が不要になる機械学習による画像認識は一定条件下で、高速処理する場合などに使われます。4章で、画像処理のアルゴリズムをいくつか紹介しましたが、これらは統計的な手法です。5章では、PCA（教師なし学習の一つ）、SVM（教師あり学習の一つ）などの代表的な機械学習アルゴリズム（HOG、Haar-like など）について解説しましょう。

Section 5-1 主成分分析（PCA）

　主成分分析（PCA）は、機械学習によるクラスタリングや可視化の手法として、必ず出てくる機械学習のアルゴリズムです。またデータの次元数を減らす「次元削減」は非常に有用な前処理であり、次元削減を担う主成分分析の知識は、機械学習による画像認識では欠かせません。

■次元削減と主成分分析

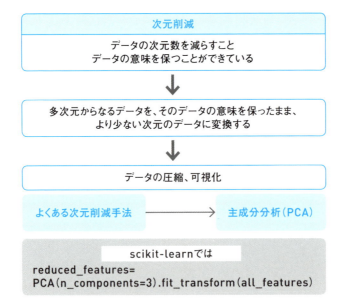

　ここではシンプルな事例をベースに、主成分分析の概念を理解しましょう。ある街のアパートの家賃とアパートから駅までの距離との関係を分析す

るとします。この街には鉄道が1つだけで、街の中心に駅があり、アパートの間取りなどの仕様はすべて同じです。

　こうした状況では、アパートの家賃はほぼ駅との距離と比例することが直感的に理解できます。たとえば、アパートの家賃はアパートから駅までの距離が徒歩で5分離れるごとに、1,000円安くなっていくわけです。

■アパートの家賃と駅までの距離

アパートの家賃（1ヶ月）	駅までの距離（徒歩の時間）
3万5000円	5分
3万4000円	10分
3万3000円	15分

　ここでは非常に単純化しましたが、実際のアパートの家賃には駅までの距離以外にも様々な変数が影響します。築年数、建物の構造、部屋の所在階数、部屋の向き、木造か鉄筋か、内装などで家賃が変わってくるでしょう。

　このように様々な変数が、アパートの家賃に影響を及ぼすとき、より少ない変数に要約するのが、主成分分析です。

　機械学習では、変量が多ければ多いほど、処理が複雑になっていきます。その理由は次のとおりです。

■変量が多ければ多いほど、処理が複雑になる理由

(1) 変量が多いと、計算量が爆発的に増加する
(2) 実際にあまり影響のない変量も機械学習の対象になり、正解率に影響する（過学習になる恐れがある）
(3) 使用する学習方法に必要な適切なデータを入力できず学習方法が期待する結果にならない可能性が高まる

　ではどのように収集したすべての変数を、より少ない変数に要約すればいいのでしょう。これには通常、「特徴空間（feature space）の次元 (dimension) を小さくする」手法が使われます。特徴空間の次元を小さくすることで、考慮すべき変数間の関係が少なくなり、モデルが過学習する可能性も低下するからです。

　ここでいう特徴空間とは、特徴量の集合です。特徴量は、先程の例で言えば、駅までの距離、築年数、建物の構造、部屋の向きなどの変数です。特徴空間は、下の表のように、家賃に影響し得る変数の列とイメージするとわかりやすいかもしれません。また、特徴空間の次元は、下表の家賃以外の列の数だと思ってください。

■アパートの家賃と様々な変数

アパートの家賃 （1ヶ月）	駅までの距離 （徒歩の時間）	築年数	建物の構造	部屋の向き
3万5000円	5分	10年	鉄筋	南
3万4000円	10分	11年	木造	北
3万3000円	15分	12年	木造	西

「特徴空間の次元を小さくする」ことは、「次元削減（dimensionality reduction）」と呼ばれ、イメージ的に表の列の数を減らすことになります。次元削減の方法はいくつかありますが、よく使われるのは「特徴の除去（Feature Elimination）」と「特徴の抽出（Feature Extraction）」です。

特徴の除去とは、その名の通り、特徴を除去することで特徴空間を縮小します。先の例では、アパートの家賃の値段に影響し得る特徴量以外の特徴量を削除します。特徴除去法の利点は処理の単純さと特徴量の解釈可能性を維持できることであり、欠点は削除した特徴量から情報が得られなくなることです。一旦削除した特徴量は仮に学習に貢献できる可能性があっても、学習モデルには反映されません。

特徴抽出では、「古い」独立変数の組み合わせることで、新しい独立変数を作成します。その上で、求める変数（従属変数と呼ばれます）をどの程度予測するかによって、新しい変数を順序付けし、重要でない変数を削除するのです。新しい独立変数は古い独立変数の組み合わせであるため、新しい変数を1つ以上削除しても、古い変数に含まれる価値のある情報は保持されます。そのため特徴抽出では、削除した特徴量から情報が得られなくなるといった問題は発生しません。

主成分分析（PCA）は、特徴抽出のための手法です。そのため、以下のようなケースには、PCAの利用が適しています。

■PCAの利用が適したケース

(1) 変数の数を減らしたいが、どの変数を完全に削除すれば良いかを特定できない

(2) 変数が互いに独立していることを確認したい

(3) 独立変数を解釈しにくくしても問題ない

Section 5-2 SVM

　分類と回帰分析のアルゴリズムとして4章でも紹介したSVM(Support Vector Machine) は、1995年頃、AT&TのV.Vapnikが発表したパターン識別用の教師あり機械学習モデルです。初期の手書き文字を分類する事例において一定の成果をあげてきたSVMは現在、パターン識別において力を発揮しており、コンピュータビジョン（デジタルな画像・動画の認識を扱う研究であり、画像の収集、処理、認識により視覚システムのタスク自動化を追求）の分野でよく使われています。

　SVMのアルゴリズムでは、N次元のデータ入力から、各データ間の距離が最大となる以下のような「超平面(Hyperplane)」を探します。

■3次元における超平面

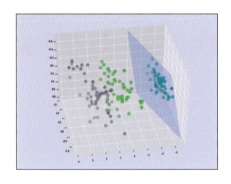

　上図のように、超平面はグループになるデータクラスタの「境界線」に相当します。そのため、この「平面」を見つけることで、違う特徴を持つデータを「分類」することが可能になるのです。

超平面（hyper plane）とは何か

　超平面は 2 次元の平面をそれ以外の次元へ一般化したものです。たとえば n 次元空間において、超平面は n − 1 の空間でその n 次空間を 2 分割します。3 次元の場合、下図の通り、1 つの超平面が 3 次元空間を 2 つの空間に分割するイメージです。2 次元の場合は、n=2 なので、n − 1 = 1 となり、超平面が線になります。この場合の超平面は x 軸と y 軸しかない二次元の紙の上にこの 2 次元空間を 2 つに分ける一本の線となり、線は n=2 のときの超平面と呼ばれます。

■2次元、3次元の超平面

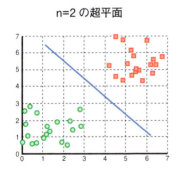
n=2 の超平面

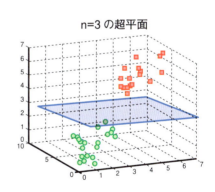
n=3 の超平面

　多次元の場合も、基本的な原理は同じです。n 次元の空間を n − 1 の超平面でデータを分割することになります（人にはイメージしにくいのですが……）。
　では、SVM は学習過程でどのように超平面を探しているのでしょう。たとえば、2 種類の属性（特徴量）を持つデータがあったとします。そのデータを 2 次元の平面に点で表現すると、下記の青い丸と赤い四角の 2 種類に

なります。2次元平面上には、属性が違う2種類のデータについて、それぞれ2箇所のクラスタを確認できます。

■データを2次元の平面に点で表現

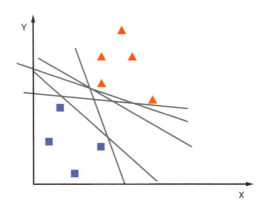

　SVMでは学習を繰り返すことで、超平面の最適解を探していきます。まずは、2つのエリアを分ける超平面（この場合では超平面が線になりますが……）を探します。ただし、上図のように、2つのエリアを分けるグレーの線には、いくつかの可能性があります。

　学習データが少ない段階では、どの線が「正解」なのかはわかりません。そのためまずは、以下のように2種類のデータ間の「マージン最大化」します。

■ 超平面の探索に向けたマージン最大化

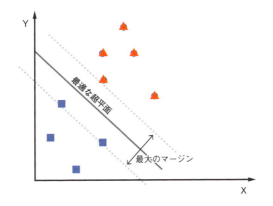

このように、超平面から2つのデータへの距離は計算できます。この距離がどちらのデータについても最大となるようにしながら、超平面を探索するのがマージン最大化です。そのため、SVMは最大マージン分類器と呼ばれることもあります。

また2種類のデータ間のマージンは、サポートベクターを基準に計算します。SVMにおけるサポートベクターとは、超平面に近いデータポイントであり、超平面の位置や向きに影響を与えます。これらのサポート・ベクターを使って、分類器のマージン（二本の点線の間の距離）を最大化するのです。

下図では、ピンの実線が超平面となります（ここでは直線ですが……）。ただし、サポートベクターを削除すると、超平面の位置が変わります。これらの点は、SVMを構築する上で重要な役割を担っているのです。

■サポートベクターを基準にしたマージンの計算

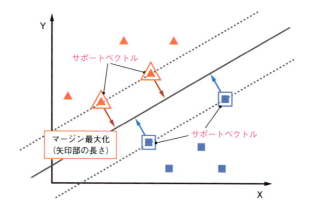

　またマージンを最大化するプロセスで、下図のような状況では、濃いグレーの線ではなく薄いグレーの線において、マージンが最大なので、真ん中のライトグレーの線が超平面であるとされます。なお、3以上の次元では超平面のイメージが難しくなりますが、マージンを最大化する上での計算原理は同様です。

■超平面の位置の変化

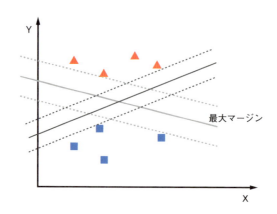

データの分布状況によって、超平面の位置、（この場合、直線の）傾き、マージンの幅などが異なります。下図は、2つの超平面とマージンの例ですが、一番右の図のように、2種類のデータが混じり合っているケースもあります。

■2種類のデータが混じり合っているケース

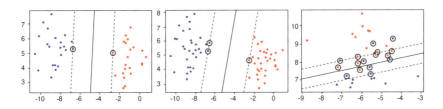

この場合、中央にある黒い実線が超平面であり、超平面の両側にある点線は最大化されたマージンとなります。このように、超平面を探す時のマージンの計算方法を事前に決めておく必要があります。

サポートベクターとCの値

データの線形分離（データをはっきり分かれること）が可能であると仮定すると、訓練データの点すべてを正しく分類できる場合のマージンは「ハードマージン」と呼ばれます。

ただし実際のデータはより複雑で、線形分離可能ではないデータの方が多いかもしれません。前述のように、超平面反対側にあるデータに関してはどうしても誤判別してしまうこともあります。そういうデータを無理やり「100%正確な判別」にしてしまうと正しい分類規則を見失ってしまい、予測の精度が下がってしまいます。

これは、「用意したデータ」に対して無理に適合性を高めることで、「まだ手に入れていないデータ」への予測精度が下がる「過学習」です。過学習せずに予測できることは「汎化性」と呼ばれ、機械学習では、この汎化性能を高めるためにあえて誤分類を許容するように工夫することがよくあります。

　誤判別を許容することを前提としたマージンは「ソフトマージン」と呼ばれ、「境界線とデータとはなるべく離れている」「誤判別はなるべく少ない」というルールの下で設定されます。

　またソフトマージンの設定では、「誤判別をどこまで許容するかのパラメータ＝C」が使われます。下の図は同じデータの分布に対して、C=1(誤判別をある程度許容する)とC=100(誤判別をあんまり許容しない)に設定したときの超平面とマージンです。

■C＝1とC＝100のときの超平面とマージン

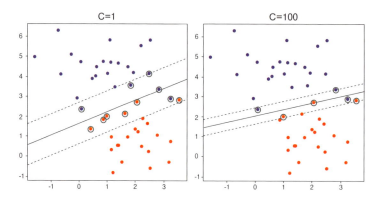

　パラメータCが大きくなる場合は「誤判別は1回も許さない」といった強い制約となり、実質ハードマージンと変わらなくなります。結果、マージンの幅も狭くなります。一方、パラメータCが小さくなれば、多少誤判別があっても「許す」弱い制約となり、マージンの幅が少し広くなります。

Cは、人間が設定しなくてはなりません。分析対象となるデータの特徴や状況により調整する必要があります。

データの高次元拡張とカーネルの選択

上のハードマージンとソフトマージンの話の中で「線形分離可能(linearly separable)」と「線形分離可能ではない」という説明が出てきましたが、線形分離とは、簡単に言えば、下図のように、直線でクラスを分離できるという意味です。

■直線で分離できるデータと分離できないデータ

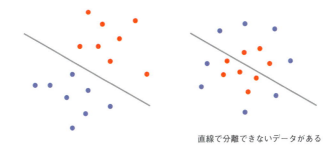

直線で分離できないデータがある

線形分離できない場合、「1次元のデータを2次元に拡張する」「2次元のデータを3次元や4次元、N次元に拡張する」など、データを高次元に拡張することで分類を試みます。

■データを高次元に拡張

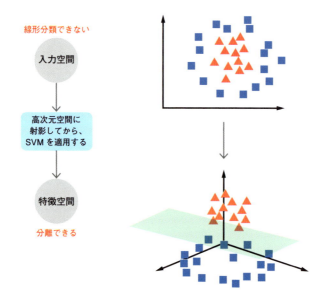

　サポートベクターマシンの特徴の1つに、解きたい問題に応じてカーネルを選べる点があります。カーネルを適切に選べば、汎化能力を向上できるのです。

　実際、問題の種類に応じて様々なカーネルが開発されています。次の図は、scikit-learn に用意されているアヤメの計測データから、アヤメの品種を分類する問題の結果です。

■SVCによるアヤメの品種分類

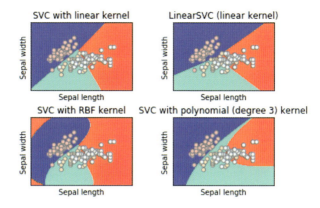

　ここからも、学習対象データが同じでも、選択する分類器カーネルによって得られる結果が異なることは確認できます。

Section
5-3 | k近傍法

　k近傍法（K-nearest neighbor）は、教師あり機械学習における最も単純なアルゴリズムであり、データの分類と回帰の両方に利用できます。「似たようなデータをk個集め、それらの多数決で目的値を求める」という多数決の原理に基づくk近傍法は、レコメンデーションのシステムでよく使われています。また「回帰」に使う場合には、類似するk個のデータそれぞれについて、値の平均値や中央値を予測結果として使います。

アルゴリズムの動作イメージ

　k近傍法を「クラス分類」に使う場合、類似するk個のデータを最も数の多いクラスに分類します。具体的な動作イメージですが、下図で示すように、緑色の点を新しくクラスに分類するとき、「近くにある最も類似するデータ3つ（k=3）のクラスから予測する」ことになるため、範囲は黒い実線の中となり、赤い三角と同じクラスに分類されます。

■k近傍法によるクラス分類

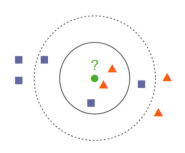

もしあらかじめ「k=5」に設定すれば、「近くの最も似ているデータ５つのクラスから予測する」範囲は点線のエリアに拡大され、青い四角形のクラスに分類されることになります。

　では、k の最適値はどのように設定すればいいでしょう。通常、当初は人が設定し、複数回学習させた後、正解率の高いものを選べば、より理想的な k 値に近づけることが可能です。k 値を設定する際には、「小さすぎると、不安定になりやすい」「k 値が大きすぎると予測のエラー率が高くなりやすい」「k 値を奇数にする」ことに留意してください。

　k 近傍法には「アルゴリズムが単純で、k 近傍への距離を計算すればいいため、実装や計算が簡単」「モデルを構築する必要がなく、k 値以外の面倒なパラメータ・チューニングが必要ない」「分類と回帰の両方に使える」といった長所がある一方で、「ノイズに弱く、不適切なデータが混入した場合、k 値の設定によって誤った結果が得られることもある」「設定した k 値が局所のデータ分布に影響を与えるため、特定のクラスのデータが多いと、間違った結果が得られることもある」「次元が多くなると、計算量が増え、スピードが低下する」といった短所もあります。

　そのため、次元の多いデータについては次元削減の後に、k 近傍法を用いたほうがいいでしょう。

k 近傍法使った画像認識の例：印刷文字の認識

　ここで k 近傍法を使った画像認識の事例として、HOG 特徴量を利用した印刷文字の認識を紹介しましょう。

■HOG特徴量を利用した印刷文字の認識

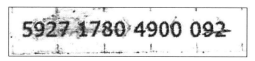

[出典:towardsdatascience.com]

　まずは、文字以外の部分について、ノイズ除去をします。

■ノイズ除去の前処理

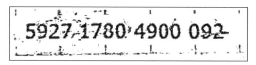

[出典:towardsdatascience.com]

　次に、HOG特徴量記述子を得やすくするため、画像を反転させます。

■画像反転の前処理

[出典:towardsdatascience.com]

　その上で、白いピクセルを走査して、増加するところで、文字ブロックの（上の）境界線を見つけます。

■ 文字ブロックの（上の）境界線の抽出

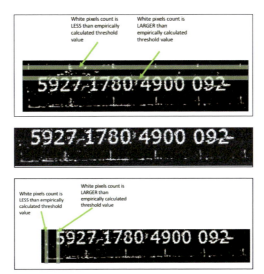

[出典：towardsdatascience.com]

処理した結果が以下の通りとなります。

■ 前処理の結果

[出典：towardsdatascience.com]

　さらに、文字の縦横サイズに基づいて、上の画像をさらに小さい1個1個の文字に分割すると、ラベル付きのデータセットが得られます。たとえば、文字5だったら、「5」のフォルダに保存します。5というフォルダが正解ラベル（教師ラベル）となるわけです。その上で、抽出した特徴量記述子を入力データとして、近傍法で学習させて、学習結果を学習済モデルに保管します。

最後に、実際にこの学習済モデルを使って予測しますが、予測の手順は学習手順と同じです。印刷文字の写真のノイズを除去して、白黒反転させ、周辺の空白を除去して、個別文字を切り出して、HOGの特徴量を抽出して学習済モデルに渡して予測します。

■学習済モデルを使った予測

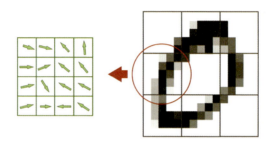

　k近傍法の学習アルゴリズムに渡されるのはHOGの特徴量ですが、k近傍法のアルゴリズムから見れば、他のデータと同様に「数値」です。それにより、データの特徴を学習します。

　学習結果は、たとえば6の場合、prediction=6とともに、predict_probability =[[0 0 0 0 0 .9 0 0 .1 0]]のように、確率が出力されます。このpredict_probabilityは0から9までの「自信度」を表しています。この場合は、6である自信度は90%で、8である自信度が10%程度あるということになります。

Section
5-4 | k平均法

　k平均法(k-means)とは、教師なし機械学習のクラスタリングと相関ルール学習などで使われるアルゴリズムです。k近傍法とk平均法は両方とも機械学習のアルゴリズムで名前も似ていますが、k近傍法が教師あり機械学習のアルゴリズムであるのに対してk平均法は教師なし機械学習のアルゴリズムであり、仕組みはかなり異なります。

　k平均法は、まずデータを任意のk個のクラスタに分けた後、クラスタの平均を用いて適切にデータが分かれるように調整するアルゴリズムです。

　k平均法のアルゴリズムは、「①各データポイントに対してランダムにクラスタを分ける」「②各クラスタに割り当てられたデータポイントについて重心を計算する」「③各データポイントについて上記で計算された重心からの距離を計算し、距離が一番近いクラスタに割り当て直す」という流れで動作します。この際、②と③の手順は、割り当てられるクラスタが変化しなくなるまで行われます。図で表現すると次の図のようにa→b→c→dのような順序をたどって、クラスタが収束していくイメージです。

■ k 平均法のアルゴリズムの動作

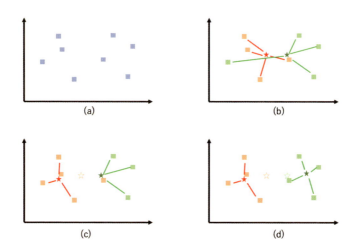

　(b) の段階でまず各点に適当にクラスタが割り振られ、その重心が計算されます (重心は赤い星と緑の星です)。(c) ではその重心との距離の下に、再度クラスタが割り当てられます (新しい重心は赤い星で、古い重心はオレンジの赤い星で図示されています)。このプロセスを繰り返し、(d) のようにクラスタが変化しないような形で収束すれば完了です。

k 平均法を使った画像認識の例

　ここで、k 平均法を利用した、手書き文字認識の例を紹介しましょう（前述の通り、機械学習では「どの場面でどのようなアルゴリズムや手法を使うか」を選ぶ必要があります。1 つの課題に対して、複数の機械学習の手法を適用することも可能です）。
　認識させる手書き文字のデータは以下の通りです。

■ 認識させる手書き文字のデータ

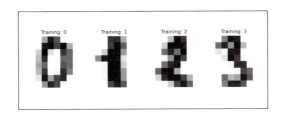

　k平均法では、HOGなどの特徴量を抽出して学習させるのではなく、画像データを2次元配列したデータそのものを学習させます。k平均法のアルゴリズムでクラスタリングした結果を平面上に示すと、以下のようになります。

■ k平均法でクラスタリングした結果

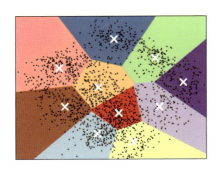

　図中の各色はそれぞれ違う数字を代表しており、白いバツのマークはそのデータクラスターの重心を意味します。クラスタリングでは、入力された未知のデータがどのエリアに入り、どの「バツ」の付近になるかによって、その数字を「予測」するのです。

6 章

深層学習の
基本

「深層学習（ディープラーニング）」という研究領域は、突如現れた
わけではなく、過去から脈々と続けられてきた研究の集大成であり、
無数の研究者が積み上げてきた努力の結晶です。この章では、深層
学習の歴史を簡単に紹介した上で、ニューラルネットワークと深層
学習などを解説します。現在、提供されている「画像認識」サービ
スのほとんどは、深層学習によって実現されていると言っても過言
ではありません。本章を読めば、なぜ深層学習が画像認識というタ
スクに適しているかを理解できるでしょう。

Section
6-1 | ニューラルネットワークの基礎知識

　「人工ニューラルネットワーク（Neural Network:NN）」は、深層学習の基礎であり、前提です。人工という言葉がついているのは、生物学における「ニューラルネットワーク＝脳のニューロン間における相互接続機構」と区別するためです。ただ、機械学習と深層学習の文脈では、「人工」を省略することが多く、本書でも基本的に「ニューラルネットワーク」と記載します。

　まずは、以下のプログラムを見てください。

■**TensorFow**を使ったニューラルネットワークのプログラム

```python
import tensorflow as tf

mnist = tf.keras.datasets.mnist

(train_data, train_teacher_labels), (test_data, test_teacher_labels) = mnist.load_data()

train_data, test_data = train_data / 255.0, test_data / 255.0

model = tf.keras.models.Sequential([
  tf.keras.layers.Flatten(input_shape=(28, 28)),
  tf.keras.layers.Dense(512, activation=tf.nn.relu),
  tf.keras.layers.Dropout(0.2),
  tf.keras.layers.Dense(10, activation=tf.nn.softmax)
])

model.compile(optimizer='adam',
              loss='sparse_categorical_crossentropy',
              metrics=['accuracy'])

model.fit(train_data, train_teacher_labels, epochs=5)

model.evaluate(test_data, test_teacher_labels)
```

これは、TensorFlow という深層学習のフレームワークを使ったニューラルネットワークのプログラムです。わずか十数行で、ニューラルネットワークを定義し、学習しています。ニューラルネットワークはとても奥深い学問領域で、場合によって難しい数学の概念や複雑な計算も登場します。ではなぜ、そのようなニューラルネットワークを簡単に定義できるのでしょう。

それは、TensorFlow や PyTorch といったフレームワークが複雑な演算や内部のニューラルネットワークの挙動を制御する処理をすべて担っているからです。だからこそ、私たちは簡単にニューラルネットワークを利用できるのです。

ニューラルネットワークに登場する数学

筆者が機械学習や画像認識のハンズオンを開催すると、「数学の知識はどの程度必要ですか」「数学がわからないと、機械学習や深層学習はできませんか」とよく聞かれます。そのようなときに私は「数学の知識があれば有利ですが、数学の知識があまりなくても、機械学習と深層学習は始められます」と答えています。

機械学習や深層学習のフレームワーク開発、機械学習や深層学習の先端研究以外では、ゼロから開発ではなく、TensorFlow、PyTorch といった既存のフレームワークを利用するのが一般的です。開発に必要なツールなどは、ほぼすべて整備されています。

ただ、ニューラルネットワークの概念を説明するには、通常、多くの数学が使われます。本書ではあえて、詳細な数学の理論は解説しませんが、ニューラルネットワークの概念のベースには、線形代数、微分、偏微分、勾配、活性化関数、損失関数（交差エントロピー誤差関数、etc.）といった数学があることは認識しておく必要があるでしょう。

■ニューラルネットワークのベースとなる数学

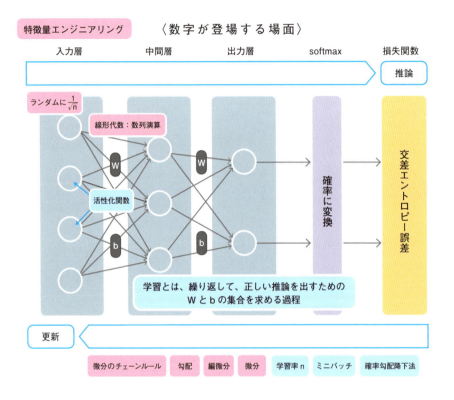

　それは、イメージを掴んでおけば、理解を深められるからです。次節以降のニューラルネットワークの解説にも少し数式が出てきますが、イメージだけつかめれば十分です。どうしてもわからないときには、少し数学の参考書を読めばすぐ理解できる程度の内容になっています。
　まずは、ニューラルネットワークのベースとなるニューロンとパーセプトロンの概念を理解しましょう。

Section 6-2 人工ニューロンの基礎知識

　ニューラルネットワークの前提となるのが、人工ニューロンという人工知能の基礎となる概念です。

　そもそも、人の脳細胞（シナプス）に見るニューロンは、以下のような構造になっています。

■脳細胞（シナプス）に見るニューロン

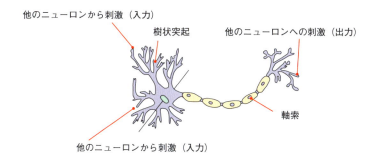

　人や動物の脳には、このようなニューロンが大量に存在し、互いにつながることで、他のニューロンからの「信号」を伝達しています。人工ニューロンは、同様の仕組みをコンピュータ上に実現することで、コンピュータが脳と同様の役割を果たせると考えた研究者により考案されました。そして、パーセプトロンは人工ニューロンを抽象化したモデルです。

　次の図は、ニューロンに対する入力と出力を示した模式図です。○がニューロンであり、左図ではニューロンの入力は1つ、右図では入力が2つとなっています。

■ニューロンに対する入力と出力

《 1対1の出力 》　　　　　　《 2対1の出力 》

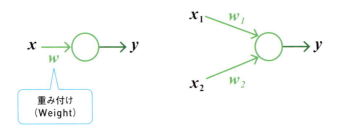

　入力に対して、どのぐらい強く感応するかを決める w(wight) は重み付けです。脳細胞のニューロンには、出力を強くするか、弱くするかを決定する「仕組み」がありますが、人工ニューロンにも同様の仕組みとして重み付けが用意されているのです。

■出力、入力、重み付けの関係

$$出力 = 入力 \times 重み付け$$

　つまり次の図のように、x=1.3, w=3.4 の場合、出力の y が 4.42 になるわけです。この例では入力よりも出力が大きくなっていますが、重み付けが1以下であれば、出力が入力より小さくなります。

■ニューロンの入力に対する出力（入力が1つの場合）

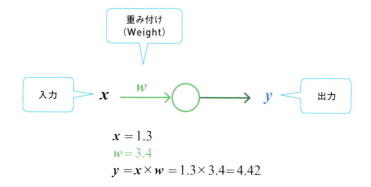

上図に見るように、出力は入力と重み付の掛け算で計算されます。

では次に、入力を増やしてみましょう。入力が2つの場合、入力に対する出力は以下のように計算できます。

■ニューロンの入力に対する出力（入力が2つの場合）

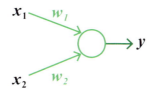

$x_1 = 1.3, \quad x_2 = 0.7$
$w_1 = 3.4, \quad w_2 = 5.0$
$y = x_1 \times w_1 + x_2 \times w_2 = 1.3 \times 3.4 + 0.7 \times 5.0$
$\quad = 4.42 + 3.5 = 7.92$

出力 =（入力1 × 重み付け2）+（入力2 × 重み付け2）

出力は7.92になります。さらに、入力がn個ある場合を見てみましょう。

■ニューロンの入力に対する重み付け（入力が n 個の場合）

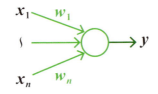

$$y = x_1 \times w_1 + x_2 \times w_2 + \cdots + x_n \times w_n$$
$$= \sum_{1}^{n} x_n \times w_n \text{または} = \sum_{i} x_i \times w_i$$

$$出力 = \sum_{1}^{n} x_n \times w_n$$

すべての x と w の掛け算の結果を足せば、出力になります（Σは、すべて足すという意味です）。

このように、入力と重み付けが増えると、ニューロンの有用性が見えてきます。たとえば、犬を認識するタスクを担当するニューロン（犬認識ニューロンと呼ぶ）と猫を認識するタスクを単相するニューロン（猫認識ニューロン）があるとします。AIが「犬や猫の「特徴」を覚えて分類する」ために、目の形状や色や並び方、鼻、毛並み、ひげなどの特徴を学習し、学習結果に基づいて、ニューロンの入力と重み付けを変化させます。つまり、犬の特徴に該当する入力に対しては重み付けを高くすれば、出力も高くなり、犬の特徴入力に強く反応し、猫の特徴入力に対しては重み付けを低く、あるいはゼロにすれば反応しません。

ニューロンの動作原理は以上の通りですが、より効率良く出力を制御するために仕組みが用意されています。それを、次に紹介しましょう。

Section 6-3 活性化関数

ニューロンには、期待通りの動作をしてもらうためには様々な工夫が施されています。活性化関数もその1つです。活性化関数は、xとwの掛け算の結果だけではなく、さらにある特性で出力を有効に制御する仕組みです。これは、ニューラルネットワーク全体の学習機能向上につながっています。

■ 活性化関数

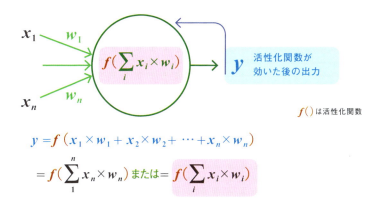

活性化関数を導入すると、上図のようにxとwの掛け算の総和を一旦活性化関数に入れて「変換」し、変換後の数値を出力とします。入力信号の総和を、活性化関数を使って出力信号に変換するわけです。

ニューロン単体で見ると活性化関数はむしろ余計に見えますが、複数の層で構成されるニューロンのネットワークは、活性化関数を使うことにより、

前の層から次の層への情報伝播を個別制御できるようになります。

　活性化関数を用いることで、ある特定の（チューニングによって有効な）振る舞いをするようになるのです。なおニューラルネットワーク内では、層（layer）ごとに固定の関数を使うのが一般的です。

非線形である活性化関数

　線形性とは、言葉の通り、ある変数と別の変数の関係が直線的であることです。たとえば以下の式では、x が変化することによって、y はつねに x の2倍の値となり、直線グラフとなります。

$$y = 2x$$

　このように平面上の直線グラフになる x と y の関係が線形性です。非線形性とは逆に、平面上で直線グラフにならない x と y の関係となります。

　機械学習や深層学習でよく使われる活性化関数は、非線形でなければなりません。それは、線形変換を何度重ねても線形にしか変化しないため、複数の層を設ける意味がなくなるからです。

■活性化関数：非線形

$y = cx$、cは定数
例えば3層の場合
$y(x) = c \times c \times c \times x = c^3 x$
そうすると、$y = ax$ $(a = c^3)$ で表現できる

一層で同じことが表現できる

　活性化関数は、研究者が多くの研究の中で、見つけた「学習効率」の良い

関数です。特定のタスクに適した活性化関数はありますが、ニューラルネットワークをプログラミングする際には、自分で活性化関数を選ばなくてはなりません。では、活性化関数にはどのようなものがあるのでしょう。

シグモイド関数

代表的な活性化関数の1つにシグモイド関数があります。シグモイド関数の数式とグラフは下記の通りです。

■シグモイド関数とグラフ

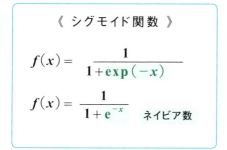
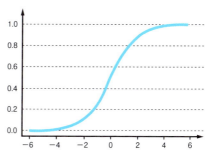

グラフから読み取れるように、シグモイド関数による出力は0から1までの間、激しく変動します。そして入力が-2より小さい値、2より大きい値のゾーンに入ると、ニューロンの反応が少し「鈍く」なります。言い換えれば、-2より小さい値、2より大きい値の時は、その入力がニューロンによる「もの認識」にあんまり寄与しないと考えられます。

ReLU（ランプ関数、正規化線形関数）

ReLUもまた、深層学習において最も一般的に使われている活性化関数です。ニューラルネットワークでは通常、層ごとに同じReLUを適用します。

■ReLUとグラフ

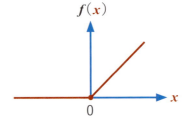

《 ReLU関数 》

$$f(x) = \begin{cases} x \ (x>0) \\ 0 \ (x \leq 0) \end{cases}$$

グラフから読み取れるように、ReLUによる出力は、0になるまではすべての入力値が無視されます。つまり0以下の入力には、ニューロンが反応されないわけです。そして入力が0より大きい場合にのみ、ニューロンが入力に比例して反応します。

シグモイド関数、ReLUのほか、近年、ReLUの派生関数やtanh関数、ソフトマックス関数や恒等関数などの活性化関数が深層学習で使われています。

バイアス

活性化関数を使ったニューロンの出力制御の効率を高める仕組みに、バイアスがあります。しばしば「b」と表記されるバイアスは、活性化関数

の発火のしやすさを制御することで、ニューロン出力を制御します。b が大きいと、ニューロンは無条件に出力を大きくし、「干渉」する必要がなければ、b を小さくして出力を小さくします。

■バイアスによる出力の制御

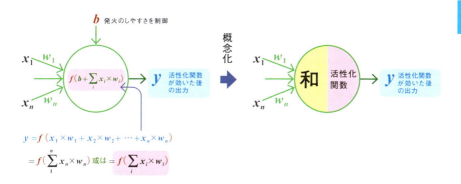

行列の積の演算

　前述のように、活性化関数を導入すると、入力信号の総和が出力信号に変換されます。ただ、x と w の掛け算をすべて足し合わせるのは、ニューロンの数が数百、数千、先端研究のように数百万、数千万と増えると、効率的ではありません。そこで計算を効率化するために、行列の積が使われます。

　行列の積の演算では、「前の行列の行」と「後ろの行列の列」との掛け算の総和を求めて、結果行列の要素とします。すべての行列について同様の計算すれば、結果の行列が得られるわけです。

■ 行列の積の演算

《 行列の積の計算過程 》

$$\begin{pmatrix} 1 & 2 \\ 3 & 4 \end{pmatrix} \times \begin{pmatrix} 5 & 6 \\ 7 & 8 \end{pmatrix} = \begin{pmatrix} 19 & \end{pmatrix} \quad 1\times 5 + 2\times 7 = 5+14 = 19$$

$$\begin{pmatrix} 1 & 2 \\ 3 & 4 \end{pmatrix} \times \begin{pmatrix} 5 & 6 \\ 7 & 8 \end{pmatrix} = \begin{pmatrix} 19 & 22 \end{pmatrix} \quad 1\times 6 + 2\times 8 = 6+16 = 22$$

$$\begin{pmatrix} 1 & 2 \\ 3 & 4 \end{pmatrix} \times \begin{pmatrix} 5 & 6 \\ 7 & 8 \end{pmatrix} = \begin{pmatrix} 19 & 22 \\ 43 & \end{pmatrix} \quad 3\times 5 + 4\times 7 = 15+28 = 22$$

$$\begin{pmatrix} 1 & 2 \\ 3 & 4 \end{pmatrix} \times \begin{pmatrix} 5 & 6 \\ 7 & 8 \end{pmatrix} = \begin{pmatrix} 19 & 22 \\ 43 & 50 \end{pmatrix} \quad 3\times 6 + 4\times 8 = 18+32 = 50$$

複数のニューロンの入力とその重み付け w の計算は以下のように、入力行列と重み付け行列の積の演算として「表現」できます。

■ 入力行列と重み付け行列の積で演算

《 入力が2つの場合 》

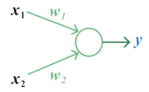

$x_1 = 1, \quad x_2 = 2$
$w_1 = 3, \quad w_2 = 4$
$y = x_1 \times w_1 + x_2 \times w_2 = 1\times 3 + 2\times 4 = 3+8 = 11$

$(1 \ \ 2) \times \begin{pmatrix} 3 \\ 4 \end{pmatrix} = (11)$

《 入力が3つの場合 》

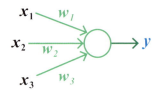

$y = x_1 \times w_1 + x_2 \times w_2 + x_3 \times w_3$
$ = 1\times 4 + 2\times 5 + 3\times 6$
$ = 4+10+18 = 32$

$(1 \ \ 2 \ \ 3) \times \begin{pmatrix} 4 \\ 5 \\ 6 \end{pmatrix} = (32)$

《 入力が4つの場合 》

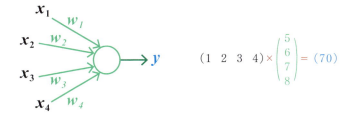

入力行列と重み付け行列の積で演算するにあたっての考え方は以下の通りです。

■**入力行列と重み付け行列の積で演算するにあたっての考え方演算**

$$(x_1\ x_2\ x_3\ x_4) \times \begin{pmatrix} w_1 \\ w_2 \\ w_3 \\ w_4 \end{pmatrix} = (y)$$

入力のX　　重みW　　出力のY

このように、入力のXの行列と、重み付の行列Wと積を求める演算となるわけです。演算の結果は、出力Yという行列になります（行列はしばしば大文字で表現されます）。このYが、次の層の入力となるのです。

また出力Yが2つの場合、次の図のように、重み付けが2列になります。

■出力Yが2つの場合の行列の積の演算

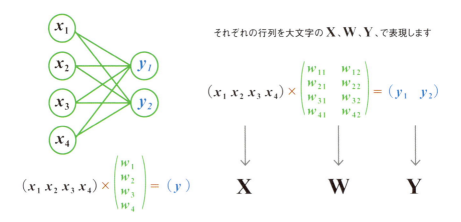

この行列の積の演算に、シグモイド関数などの活性化関数を適用する場合、下図のように、結果の y_1、y_2 に活性化関数を適用することになります。

■行列の積の演算へのシグモイド関数の適用

$$(x_1\ x_2\ x_3\ x_4) \times \begin{pmatrix} w_{11} & w_{12} \\ w_{21} & w_{22} \\ w_{31} & w_{32} \\ w_{41} & w_{42} \end{pmatrix} = (y_1\ y_2)$$

その結果に
$$(sigmoid(y_1+b)\quad sigmoid(y_2+b))$$

なおこれら計算処理は実は、ほとんどのフレームワークに実装されているため、自分でゼロからプログラミングする必要はありません。

Section 6-4 | 多層パーセプトロン

　これまで、ニューロンの基本的な動きを解説してきました。ここからは、複数の人工ニューロンがネットワーク接続された構造の動作原理を解説していきましょう。

　多層のネットワーク構造になったパーセプトロンは、多層パーセプトロン（Multi-Layer Perceptron、MLP）と呼ばれます。以下は、典型的な多層パーセプトロンの3層構造です。

■ 多層パーセプトロンの3層構造

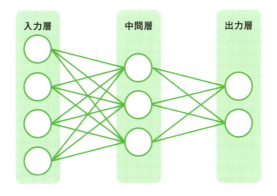

　上図では、ニューロンが入力層に4つ、中間層に2つ、出力層に2つあります。もちろん、それぞれの層のニューロンの個数は固定ではありません。必要に応じて、増減されます。

　このような多層パーセプトロンの場合、次のように行列の積の演算がつながることで出力が計算されます。

■多層パーセプトロンにおける行列の積の演算

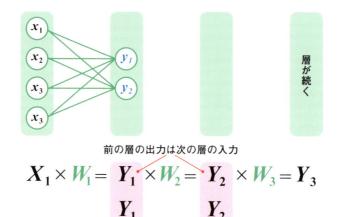

こうした演算は面倒ですが、プログラミング言語に演算用のライブラリが用意されています。Python言語には数値計算のライブラリNumPyがあり、NumPyを使うと、下図のようなdot関数で行列の積を演算できます。

■NumPyによる行列の積の演算

下図のように多層の場合、入力と重み付け配列すべての積を演算すれば、簡単に最終出力を求められます。

■入力と、重み付け配列すべての積の演算

$$X_1 \times W_1 \times W_2 \times W_3 \times W_4 \cdots \times W_n \rightarrow Y$$

Softmax関数

最後に、多層パーセプトロンの出力層を見てみましょう。多層パーセプトロンの出力で特徴的なのは、以下のようなSoftmax関数を適用することです。

■ softmax関数

ここでは、Softmax関数を使ってニューラルネットワークの出力を確率に変換します。たとえば、犬と猫の分類であれば、「犬：0.93」「猫：0.07」のように、確率（確信度）を出力するようにします。出力の数を問わず、すべての出力値を足して1にします。

この処理は直感的に理解しやすく、学習段階における損失関数の計算も容易です。

■ 多層パーセプトロンにおける出力処理（犬と猫の分類）

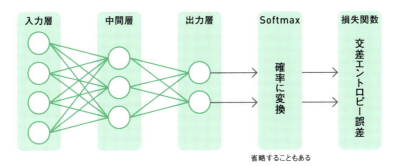

Section 6-5 ニューラルネットワークの学習①: 交差エントロピー誤差関数

　ここでは、ニューラルネットワークの学習について解説しましょう。その前に、そもそも深層学習における「学習」とは何でしょう。一般に、深層学習における学習は、「入力に対して、正しい結果を出力するためにすべてのニューロンが持つ w、b を正確に把握、調整すること」です。

　そのためには、学習に不可欠で最適な重みパラメータを見つける損失関数が必要になります。損失関数がなければ、学習の結果がどのぐらい正確なのか、あるいはどのぐらい間違っているかを評価する手段がありません。損失関数を用いることによって、誤差がわかり、再度学習する際のパラメータ調整の参考になるのです。

　よく使われる損失関数に、交差エントロピー誤差関数があります。交差エントロピー誤差関数の数式は以下の通りです。

■交差エントロピー誤差関数

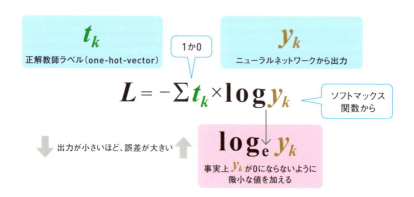

交差エントロピー誤差関数では、誤差は、正解教師ラベル t_k（one hot vector フォーマット）と、ニューラルネットワークからの出力 y_k の自然対数との掛け算の総和のマイナス値となります。つまり、出力が小さければ、誤差が大きくなるのです。交差エントロピー誤差関数のグラフは以下の通りです。

■交差エントロピー誤差関数のグラフ

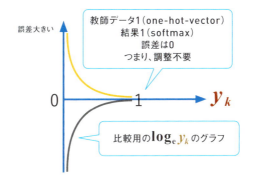

　教師データと比較して、誤差がない場合、その判断にたどりつくニューラルネットワークのルートは正しく、調整は不要です。逆に、誤差が大きな場合、その結果を出すニューラルネットワークのルートに間違いがあって、ルート上の w と b に調整が必要になります。

ミニバッチ学習

　機械学習において、学習用データを1個ずつ学習させるのは効率が悪いので、通常は、データを数個まとめて1つのセットとして学習させ、学習結果の平均値を取ります。
　ミニバッチ学習とは、このようにランダムに選んだデータセットを繰り

返し学習させる学習方法です。取り出された数個のデータは「ミニバッチ」、ミニバッチの学習を繰り返すことですべてのデータをカバーした状態は「1エポック」と呼ばれます。

■ミニバッチとエポック

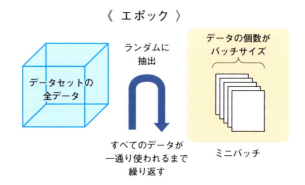

10〜20エポック程度学習させるのが一般的ですが、試行錯誤しながら、最も効率的な回数を設定する必要があります。エポック回数が多ければ多い方が良い結果が得られるわけではありません。あるタイミングで学習を増やしても性能が上がらなくなるポイントがあります。そうしたエポック数を見極める必要があるのです。

またミニバッチ学習では、交差エントロピー誤差関数が以下の通りになります。

■ミニバッチ学習時の交差エントロピー誤差関数

《 ミニバッチ学習時の式 》

$$L = -\frac{1}{N}\Sigma_n \Sigma_k t_{nk} \log y_{nk}$$

ミニバッチにデータがN個あって、全部足してNで割る

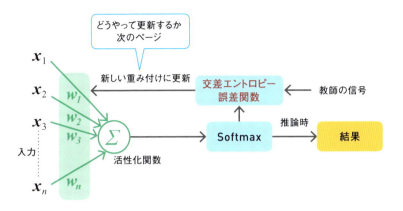

全体を少し概念的にまとめると、上の図になります。

Section
6-6 ニューラルネットワークの学習②:
パラメータ更新

　ニューラルネットワークの学習では、ニューラルネットワークのパラメータ（w と b）をどのように更新するかも重要になります。交差エントロピーのグラフが複雑になるために、ここでは下図のように、簡単な2変数関数のグラフを使って説明しましょう。

■簡単な2変数関数のグラフ

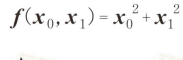

これが損失関数だったら、
一番「低い」ところが損失が最小

　損失を最も小さいのは、ニューラルネットワークが求める、学習段階の（仮）推論結果と教師データとの差異が最小の状態です。そのため、上記の関数が損失関数であれば、グラフ上の一番低い点を探すことになります。では、どのように見つければいいのでしょう。

微分

そこで重要になるのが、微分です。まず以下の関数を見てください。

$$y = 2x$$

この関数では、$x=1$ のときに y が 2、$x=2$ のときに y が 4、$x=3$ のときに y が 6 となり、グラフは以下のようになります。

■y＝2ｘのグラフ

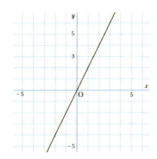

グラフの傾きは y と x の変化量の比です。すなわち、y の変化量 2 に対して x の変化量は 1 となり、y の変化量は x の変化量の 2 倍となります。

$$\frac{y の変化量}{x の変化量} \quad \frac{2}{1} = 2$$

次に、以下の関数を見てください。

$$y = x^2$$

6-6 ｜ ニューラルネットワークの学習②：パラメータ更新

この関数のグラフは以下のような平面上の放物線となります。

■y = x²のグラフ

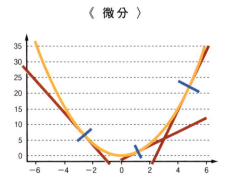

《 微分 》

この関数で、x が2から3まで変化すると、y と x の変化量の比は以下のようになります。

$$x = 2のとき、y = 4$$
$$x = 3のとき、y = 9$$
$$\frac{dy}{dx} = \frac{9-4}{3-2} = \frac{5}{1} = 5$$

このように、x が2から3までの区間の傾きは暫定的に5となります。実際は、グラフは曲線であり、範囲も広いため、厳密な正解とは言えません。ではどうすれば、より正解に近い傾きが得られるでしょう。答えは、曲線の一部を極限まで拡大すればいいのです。たとえば、$x=2$ 付近の傾きは以下の通りとなります。

$$x = 2 \text{ のとき、} y = 4$$
$$x = 2.001 \text{ のとき、} y = 2.001 \times 2.001 = 4.004001$$
$$\frac{dy}{dx} = \frac{4.004001 \text{-} 4}{2.001 \text{-} 2} = \frac{0.004001}{0.001} \approx 4$$

つまり、傾きは約 4 になります。同様に x=3 付近の傾きは以下の通りです。

$$x = 3 \text{ のとき、} y = 9$$
$$x = 3.001 \text{ のとき、} y = 3.001 \times 3.001 = 9.006001$$
$$\frac{dy}{dx} = \frac{9.006001 \text{-} 9}{3.001 \text{-} 3} = \frac{0.006001}{0.001} \approx 6$$

このように、曲線の一部を極限まで拡大すれば、線分の傾きがより「正確に（直線のように）」表現できます。$y = x^2$ のグラフの場合、グラフの傾きはおよそ該当する x の 2 倍になっているため、傾きは $2x$ で表現可能です（このような傾きを示す関数は導関数と呼ばれます）。そして、この導関数を導き出すのが微分です。微分は以下の表に表記されます。

$$\frac{d}{dx}$$

実際、$y = x^2$ の関数を微分してみると、

$$y = x^2$$
$$\frac{dy}{dx} = \frac{d}{dx} x^2 = 2x$$

となります。そして導関数がわかれば、任意の x を通過する接線の傾き（勾配）がわかり、曲線の変化する傾向がわかるわけです。

偏微分

　そ微分は１つの変数に対して行う処理です。では、変数が複数の場合はどうなるでしょう。

　複数の変数の傾きを導き出すのに使われるのが、偏微分です。複数の変数を持っている式を見てみましょう。

$$y = x^2 + z^2$$

　偏微分では、１つの変数についてのみ微分するため、ここでは x で微分すると、結果は以下のようになります（この場合、z^2 は定数として扱います）。

$$\frac{dy}{dx} = \frac{d}{dx}(x^2 + z^2) = 2x$$

　上の式を、z で微分することも可能です（この場合、x^2 は定数として扱います）。

$$\frac{dy}{dz} = \frac{d}{dz}(x^2 + z^2) = 2z$$

　このように、偏微分式は x で偏微分する場合には、

$$\frac{\partial y}{\partial x} = 2x$$

となり、z で偏微分する場合には、

$$\frac{\partial y}{\partial z} = 2z$$

となります。すべての変数について偏微分すれば、すべての変数についての「勾配」が得られるわけです。

勾配

微分や偏微分では通常、「傾き」という言葉が使われますが、機械学習や深層学習では「勾配」という言葉が使われます。

下図のように、すべての変数（ここでは x0,x1）に対して偏微分を求めると、ベクトルが得られます。これが、多変量の関数の勾配となるのです。

■勾配

$$\left(\frac{\partial f}{\partial x_0}, \frac{\partial f}{\partial x_1} \right)$$

変化量　　$\Delta f = h \dfrac{\partial f}{\partial x_0}$

勾配が示す傾きによって、より数値の小さい「方向」がわかり、そこから最終的に最小値にたどり着くまでのヒントが得られます。つまり、勾配がわかれば、ニューラルネットワークが学習の過程でパラメータをどのように更新すればいいかがわかるのです。

■ニューラルネットワークの更新

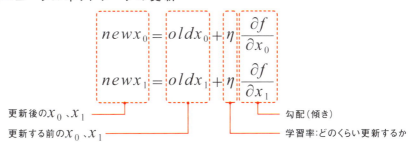

以下のような損失関数のグラフにおいて、ニューラルネットワークの学習は曲線上をボールが転がっていく様子に例えられます。この損失関数のグラフは、わかりやすさのために、損失関数のグラフを2次元グラフに単純化したものです。学習の目的は、この損失関数のより小さな値に向かうことです。損失が小さいとは、正解率が高いことを意味するからです。

■損失関数とニューラルネットワークの学習

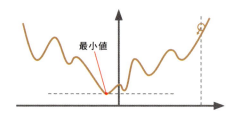

　最終的に最小値までたどり着けば、ニューラルネットワークの学習は成功です。ただ注意しなければならないのは、損失関数には、局所的な最小値もあることです。ニューラルネットワークの学習が、局所的な最小値で止まらないようにしなくてはなりません。

■局所的な最小値

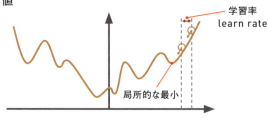

　そこで、重要になるのが「1回の学習で、どのぐらいパラメータを調整するか＝学習率」です。学習率をどのように更新していくかのアルゴリズムは、「オプティマイザー（Optimizer）」と呼ばれます。TensorFlow や

PyTorchといったフレームワークには、多くのオプティマイザーが用意されています。オプティマイザーを有効利用するにはある程度、それぞれの特徴と挙動を理解する必要があるでしょう。

誤差逆伝播法（back propagation）

　誤差逆伝播法は、ニューラルネットワークを学習させる際に使われる、重要なアルゴリズムです。誤差逆伝播法では、教師データと出力を比較することで、重みwやバイアスbといったパラメータを修正します。

　前述のように、入力から、出力への信号の伝達は以下のように進められます。この流れは、順伝播（forward propagation）と呼ばれます。

■順伝播と逆伝播

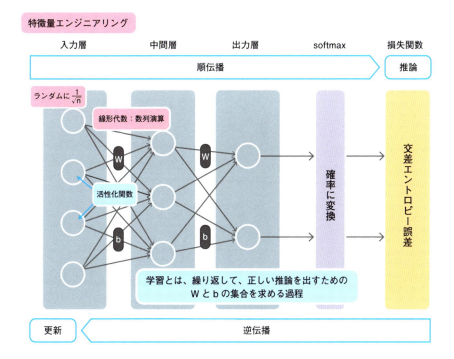

これに対して逆伝播は、信号が出力側から入力側へと伝播していきます。逆伝播では、結果を入力層に逆伝播しながら、各所のパラメータを調整します。また順伝播では、xが活性化関数に渡されてyが出力されるのに対して、逆伝播では、誤差Eが活性化関数に渡されて、パラメータ変化による誤差Eの変化量が導出されます。

■誤差逆伝播法

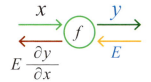

　ニューラルネットワークの層が1つであればこの考え方で大丈夫ですが、複数の層で構成されるニューラルネットワークにおける逆伝播では、合成関数を使う必要があります。合成関数とは、下図のように、複数の関数を合成した複雑な関数です。

■合成関数の例

$$w = x + 1$$
$$y = 2w \quad のとき$$
$$y = 2(x+1) = 2x + 2$$

　多層ニューラルネットワークの逆伝播では、合成関数を使って関数を得て、その関数を分解することでパラメータ変化による誤差Eの変化量を導き出します。すなわち、合成関数を分解した関数の微分を求めることで、各層におけるパラメータ変化による誤差Eの変化量を計算するのです。

また、パラメータ変化による誤差Eの変化量の計算では、以下のような連鎖率（chain rule）が使われます。

■ 連鎖律による誤差Eの変化量の計算

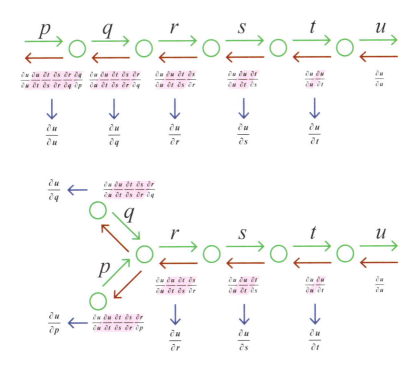

　なお、機械学習と同様に、深層学習のニューラルネットワークにおいても、しばしば過学習が発生します。前述のように、過学習では特定の学習データに依存しすぎるために、正しい出力が得られなくなります。たとえば、猫の画像を学習する際に、偶然、黒猫の写真ばかりを用意したために、白い猫や黄色の猫を猫と認識できなくなるわけです。この回避には、機械学習と同様に、「ドロップアウト (dropout)」という手法が使われます。ドロップアウトでは、ニューラルネットワークにおいてランダムにニューロン

を接続したり、切断したりすることで、学習の不必要な特徴認識の「強化」を避けるのです。

■ドロップアウト

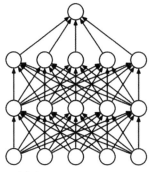
(a) Standard Neural Net

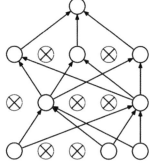
(b) After applying dropout.

[出典：トロント大学]

7 章

深層学習による
画像認識

　6章ではニューロンやニューラルネットワークの構造、深層学習
の原理について解説しました。7章では、ニューラルネットワーク
をベースにした畳み込みニューラルネットワーク（CNN）の原理と
CNNによる画像認識を解説します。現在、多くの画像認識は、CNN
を活用することで実現されています。

Section 7-1 多層ニューラルネットワークと畳み込みニューラルネットワーク

　典型的なニューラルネットワークの学習事例に、MNIST 手書き数字の認識があります。この事例では、2次元画像をベクトル変換して、1次元の数値データとして学習モデルに学習させています。

　このようなアプローチでも画像の学習や推論は可能ですが、2次元画像データを十分に活用しているとは言えません。本来、画像の分類は、ピクセルの上、下、左、右の位置関係、色、周辺情報などを活用したほうがいいでしょう。人で言えば、目や鼻、口の位置、影や光の位置関係などで顔を認識するのです。

　そこで重要になるのが、深層学習と、深層学習で使われる多層構造のニューラルネットワークです（DNN（Deep Neural Network）とも呼ばれます）。以下に、代表的な多層ニューラルネットワークをあげました（ただし、これですべてではなく、研究が進んでいくにつれ、また新しいものが出てくるかもしれません）。

■ 様々な多層ニューラルネットワーク

(1) 畳み込みニューラルネットワーク（Convolutional Neural Network）

(2) 回帰型ニューラルネットワーク（Recurrent Neural Network）

(3) 敵対的生成ネットワーク（Generative Adversarial Networks）

(4) オートエンコーダ（Auto Encoder）

なかには数百層、数千層のニューラルネットワークもありますが、層が多ければ、正しい結果が得られるわけではありません。また、多層ニューラルネットワークには、それぞれ得意分野があります。得られる結果とコスト効率などに基づいて、選んだ方がいいでしょう。本章では、畳み込みニューラルネットワークによる画像認識を中心に解説していきます。

畳み込みニューラルネットワーク（CNN）

CNNと略されることが多い畳み込みニューラルネットワークの得意分野は、画像認識（分類）です。これまでも「犬と猫の画像分類」「手書き数字（0－9）の認識（0-9の10個のクラスに分類)」「ペットボトルと空き缶の分類」「花の種類の分類、認識」「車と歩行者の認識」「不良品の検出（良品と不良品の分類）」など、簡単な利用から高度な応用まで、畳み込みニューラルネットワークの有用性は証明されています。

CNNの動作原理を理解するために、手書き文字の「○と×」を認識する課題を考えましょう。すなわち、「○か×か」をAIで画像認識するのです。

そもそも、○と×では何が異なり、その違いを見分けるにはどのような特徴を把握すればいいのでしょう。下図において、緑の枠線で囲まれた類似するエリアと、赤い枠線で囲まれた類似しないエリアに注目してください。

■ ○と×で類似するエリアと類似しないエリア

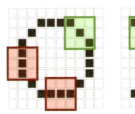
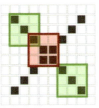

ただし、誰もがこのような「綺麗な」〇と×を書くとは限りません。以下のような崩れた〇と×を見たことがある人も珍しくないでしょう。

■〇と×で類似するエリアと類似しないエリア

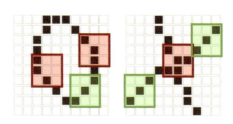

人は誰しも、左が〇であり、右が×であると認識できます。しかしコンピュータは、そうはいきません。単純なピクセル位置の比較だけでは、どちらが〇であり、どちらが×であるかがわからないです。

そのため、緑の枠線で囲まれた類似するエリアと、赤い枠線で囲まれた類似しないエリアのパターンを認識する必要があります。では、どのようにパターンを認識しているのでしょうか。

まずは局所のパターンを認識することで、手掛かりが見つかります。次の図における、対角線のパターンは〇とも×とも取れますが、黒い点が集中しているパターンは×の中心ではないかと考えられます。このような局所のパターンを利用して、ある程度認識（分類）できるでしょう。

■ ○と×の局所パターンの認識

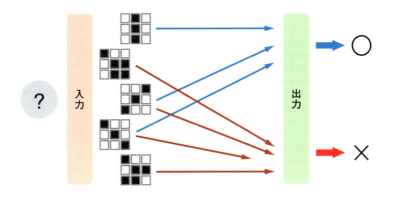

 ただしこれだけでは、認識の精度が高くありません。そこで、前のパターン認識を1つの「層」で行ったとして、パターン認識をもう一層増やしましょう。下図のようにパターンを2つ組み合わせると、「一番上が×の右上」「真ん中はが○の左下」「一番下がバツの右上」というように認識できます。

■ パターンを2つ組み合わせる

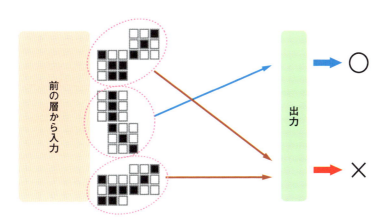

7-1 | 多層ニューラルネットワークと畳み込みニューラルネットワーク　175

このように認識の精度を上げるには、複数の認識パターンを使えばいいのです。さらにパターン認識の「層」を増やしてみましょう。今度は3つの局所パターンを組み合わせます。下図において、上の組み合わせはほぼ「×」の上の部分と認識でき、下の組み合わせは「○」の左半分と断定できます。

■局所パターンを3つ組み合わせる

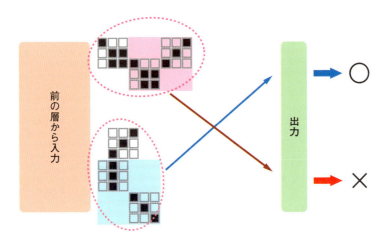

　認識の精度を向上させるには、パターン認識の「層」を増やすことで、多くの特徴を把握できるようにすればいいのです。同様の仕組みは、「仮名（かな）の画像認識」でも活用可能です。50種類ある仮名それぞれのパターンを次の図のように、緑の枠線で囲まれた類似するエリアと、赤い枠線で囲まれた類似しないエリアに注目しがら学習すればいいのです。

■「あ」と「い」で類似するエリアと類似しないエリア

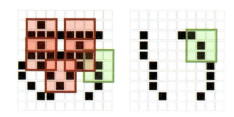

　CNNによる画像認識の基本的な考え方は、以上の通りです。では、具体的にどのように認識しているのでしょう。次項以降では、CNNの基本構造とCNNを構成する層における処理を見ていきます。

Section
7-2 # 畳み込みニューラルネットワークの構造

　畳み込みニューラルネットワーク（CNN）による画像認識は、現在、様々な分野で活用されています。下図は、人の顔と自動車の画像認識で使われる学習データです。

■人の顔と自動車の画像認識の学習データ

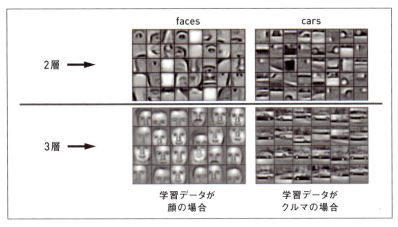

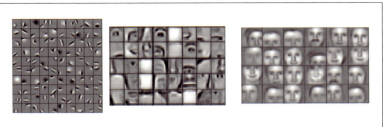

［出典：http://robotics.stanford.edu/~ang/papers/icml09-ConvolutionalDeepBeliefNetworks.pdf］

それぞれ、1層で局所パターンを、2層で顔や自動車の「パーツ」というパターンを、3層でパーツを組み合わせた「顔面」や「車体」を学習しています。このように、ニューラルネットワークの学習は、浅い層から高次の層へ向かうにつれてより複合的な特徴を捉えるようになります。

CNNの構造

CNNは、一般に以下のような構造を取っています。

■CNNの構造

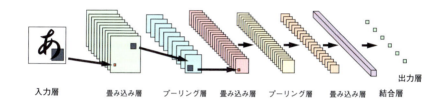

　左から順に、「入力層（入力処理）」「畳み込み層（畳み込み＋ReLU）」「プーリング層（プーリング処理）」「畳み込み層（畳み込み＋ReLU）」「プーリング層（プーリング処理）「結合層」「出力層」です。図には、畳み込み層が3つ、プーリング層が2つしかありませんが、実際にはもっと無数の層が存在します。
　CNNの入力層では、画像がデータに変換され、畳み込みニューラルネットワークに投入されます。この際、使っているフレームワークなどによって、CNNの入力データフォーマットを合わせます。入力画像の処理を単純化すると次の図のようなイメージになります。

■CNNの入力層における処理

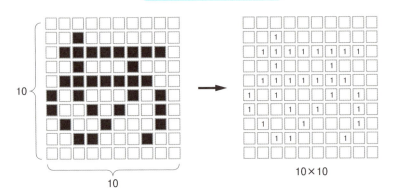

　上図のように、画像の黒いところは1、白いところは0と表現します（0は図では空白で表現します）。すると、10ピクセル×10ピクセルの画像は、10×10の2次元配列となります。この入力を畳み込み層やプーリング層など処理することで、画像を認識するのです。
　次項以降では、畳み込み層やプーリング層などで行われている処理を見ていきましょう。

Section 7-3 畳み込み層における処理

畳み込みニューラルネットワーク（CNN）の畳み込み層では、畳み込み処理（演算）が行われます。畳み込み処理では、フィルタ（またはカーネルと呼ばれます）と呼ばれる格子状の数値データと、カーネルと同サイズの部分画像（ウィンドウとも呼ばれます）の数値データについて、畳み込み演算を実施します。カーネルとは、たとえば「7-2　畳み込みニューラルネットワークの構造」のCNNの入力層における処理で紹介した「3×3のパターン」です。

■フィルタ（カーネル）

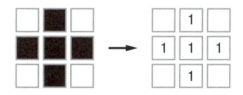

フィルタの例（パターンから数値に変換する）
最初はランダムに決まる
フィルタが学習の対象（パラメータ）

一方、畳み込み演算とは、入力の行列に重みの行列（カーネル）を合わせ、各要素の積の総和を出力する処理です。この際、行列の左から右へ、上から下へ、ウィンドウをずらしながら、入力の行列全体のすべての要素について積和を計算します。文字で説明するとイメージしにくいのですが、この処理を、アニメーションで見ると、以下のようになります（URLにア

クセスしてアニメーションで確認ください)。

■畳み込み演算のイメージ

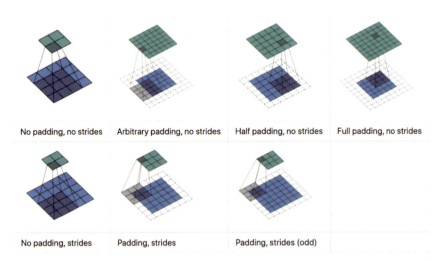

[出典：github、https://github.com/vdumoulin/conv_arithmetic/blob/master/README.md]

畳み込み処理の実施

　学習対象の画像にどのようなパターンがあるのかわからないため、フィルタは当初、ランダムに作られ、畳み込み演算が実施されます。CNNがこのフィルタを学習し、パターンを抽出するのです。まずは、1回目の畳み込み処理から見ていきましょう。

■1回目の畳み込み処理

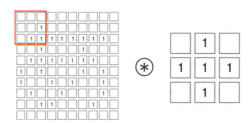

1回目の畳み込み処理は、入力画像の一番左上から開始します。入力画像の左上の3×3のエリア（行列）とフィルタの3×3の行列について、要素ごとに掛け算を実施すると、結果は下図のようになります。

■1回目の畳み込み処理の結果

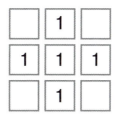

それぞれの要素を実際に掛け算してみると、「1×0=0」「0×1=0」「0×0=0」「1×1=1」と、片方が0なら結果がゼロで、両方が1のときにのみ結果が1になります。つまり、フィルタと同じ1になった箇所だけが1になり、フィルタと異なる箇所は0になります。この性質を利用すると、フィルタと一致する箇所を特定できます。次に、2回目の畳み込み処理を実施しましょう。

■2回目の畳み込み処理

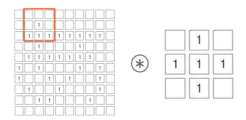

1回目から、右に1ピクセルシフト（stride）し、後は前回とまったく同じ処理を行います。結果は、以下のように入力画像とフィルタ両方が同じ1になっている箇所が1になりました。

■2回目の畳み込み処理の結果

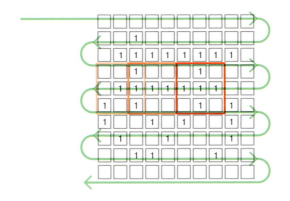

上の図のように、ストライドは1ピクセル移動することもあれば、数ピクセル移動することもあります。数ピクセル移動すれば、サンプルの密度は荒くなります。

特徴量の抽出と特徴量マップ

CNN において畳み込み処理を実施するのは、「入力画像のどこにフィルタと同じパターン（特徴）があるのか」を見つけるためです。

畳み込み処理では、入力画像とフィルタのピクセルの両方が 1 のときに出力も 1 になります。つまり、入力画像の畳み込み処理対象エリアがフィルタと同じ場合にのみ、出力が最大になります。それ以外の場合には、フィルタの値よりも小さくなります。つまり出力の高さに着目することで、入力画像のどこに「フィルタと同じパターンがあるのか」を見つけられるのです。

■ 特徴の抽出

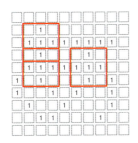  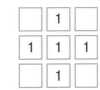

結果がフィルタと同じになっている
たまたまランダムに決めたフィルタが
実は 1 つのパターンであり
それと一致するものの箇所を見つけた

畳み込み処理ではさらに様々な行列の 1 を全部足して、出力の高い方から行列を並べます。フィルタと同じパターンに反応した強さに応じて、行列を並べるわけです。そうして得られた結果が、特徴マップです

次の図のように、赤、黄色、緑、青の順で処理していくと、最終的に得られた結果である 8 × 8 の行列です。入力画像は 10 × 10 ですが、出力の特徴マップは 8 × 8 となります。

■2回目の畳み込み処理

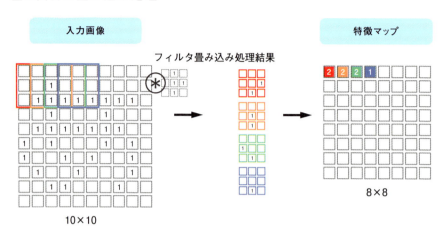

特徴マップと、活性化関数とバイアスとの関係は下図のようになります。

■特徴マップと、活性化関数とバイアスの関係

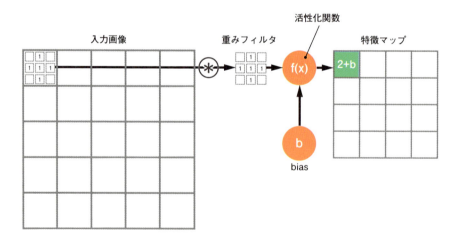

端のデータの特徴量の抽出が十分でない場合には、必要に応じて入力画像の範囲を拡張することもあります。これは、ゼロパティングと呼ばれます。具体的には、特徴マップの周辺を 0 で埋めます。これにより、端のデータに対する畳み込み回数が増えるので端の特徴も考慮されるようになり、畳み込み演算の回数が増えるのでパラメータが多く更新され、フィルタのサイズや層の数を調整できるようになるのです。

■ ゼロパッティング

0	0	0	0	0	0	0
0	0	0	0	0	0	0
0	0	0	1	1	0	0
0	0	1	0	1	0	0
0	0	1	0	1	0	0
0	0	0	1	0	0	0
0	0	0	0	0	0	0

　なお、CNN による畳み込み処理については、以下のデモがわかりやすいので興味があれば確認ください。

■ CNNによる畳み込み処理のデモ

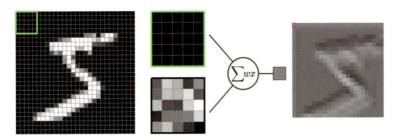

[出典：github、https://ml4a.github.io/demos/convolution/]

Section 7-4 プーリング層における処理

　プーリング層で行われる処理は本質的に「圧縮」です。対象データをより扱いやすい形に変形するために、重要な特徴を残しつつ、元の画像データを小さな画像データに縮小します。CNNにおいてよく使われるプーリング処理に、マックスプーリングがあります。

　マックスプーリングは、たとえば4×4の特徴マップであれば、まずは4つの2×2配列に分割し、左上、右上、左下、右下の2×2配列の最大値を要素とする2×2配列を出力します。それぞれ左上の配列の最大値は7、右上が5、左下が8、右下が4です。

　これにより以下のように、特徴を維持したまま特徴マップを圧縮した特徴マップに変換するのです。

■特徴マップのマックスプーリング

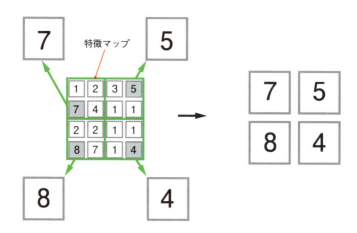

上図では、左上と左下の配列における最大値の位置は異なります。つまり、前の処理で画像に多少のズレがあってもマックスプーリングで、そのズレを吸収でき、ズレが伝播することはありません。

■マックスプーリングの特徴（微妙なイチ変化に対して強い）

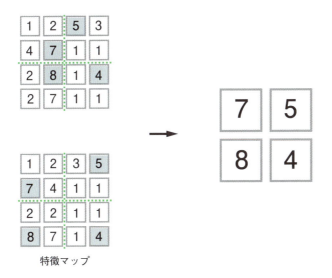

特徴マップ

　マックスプーリングにはこの他、ある程度過学習を抑制する、計算コストを下げるという特徴もあります。そして、プーリングされた画像は、次の畳み込み層の入力画像になって、前の層とは別の新たなフィルタ群と比較されることになるのです。

Section 7-5 結合層と出力層における処理

　複数の畳み込み層とプーリング層における処理を複数経て、結合層においてノードとノードの間が全結合されます。実は、畳み込み層、プーリング層でのデータ処理は、非全結合の状態で実施されています。これは、データ圧縮が十分行われていない段階で全結合計算すると、計算ボリュームが膨大になるためです。それに対して、結合層で処理するデータは十分に圧縮されているので、全結合したデータの処理が可能になります。

■非全結合と全結合

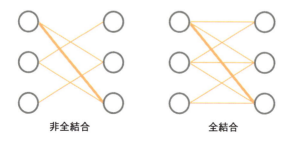

　また、出力層ではソフトマックス関数（活性化関数）により、出力データを検証し、どちらの画像（○と×、犬と猫など）に該当するかの判定を行い、その確率の形で示します。
　このようにすることで、畳み込みニューラルネットワークが画像を学習して、画像を分類できるようにしているのです。

Section 7-6 代表的な畳み込みニューラルネットワーク

　7章の最後では、いくつかの代表的な画像分類用CNNを紹介しておきましょう。

　まず最初に紹介するのは、「LeNet」です。LeNetは、CNNを発明したニューヨーク大学のヤン・ルカン教授が1995年に発表したネットワークモデルです。ある意味、CNNの元祖と言えるでしょう。

■LeNet

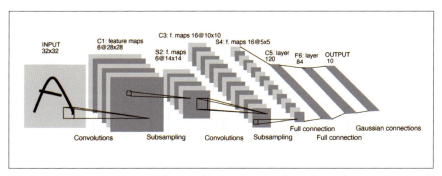

［出典：http://yann.lecun.com/exdb/publis/pdf/lecun-01a.pdf］

　AlexNetは、2012年発表されたCNNです。トロント大学ジェフリー・ヒントン教授の研究室博士課程のアレックス・クリジェフスキー氏によって開発されたAlexNetには、Dropout、ReLuが使用されています。なお、ヒントン教授とルカン教授、そしてモントリオール大学のヨシュア・ベンジオ教授は、コンピュータサイエンスのノーベル賞と言われるチューニング賞を受賞しています。

■AlexNet

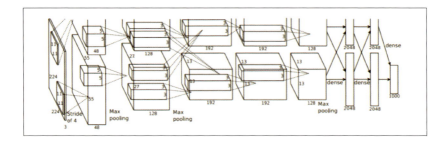

　AlexNetの特徴は、CNNのフィルタを使って入力画像の特徴を抽出し、層を重ねることで、複雑な特徴も識別できることです。下図のように、層が深くなるにつれ、ニューロンが学習することで、複雑なパターンに対応できるのです。

■AlexNet

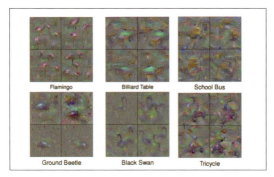

[出典：http://yosinski.com/deepvis]

　機械学習のフレームワーク上でも、様々なニューラルネットワークを作成できます。たとえばPyTorchを使えば、自分で定義することなく、クラスのインスタンスを生成するだけで、独自のニューラルネットワークを使えます。

以下は、「イメージネット上の画像を使ってコンピュータでどのくらい正確に画像を認識できるか」の競争結果です。

■ 画像認識競争のグラフ

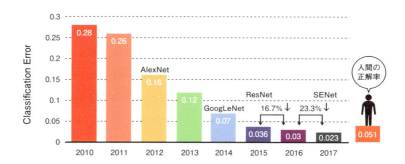

　世界中の研究者が様々な手法、アルゴリズムを駆使して、チャレンジしていたのですが、このグラフを見ると、2012年がターニングポイントとなっていることがわかります。2012年、AlexNetがはじめて深層学習の手法を使って、劇的に、画像認識の精度を向上させることに成功しました。その後、世界中の研究者が深層学習を使い、様々な改良を重ねることで、現在では、人の正解率（0.051）を上回る実績を出せるようになっています。

　今後、画像認識の主流はますます深層学習にシフトしていくでしょう。

8章

転移学習

　ある程度、既存の仕組みを利用して機械学習を試してみたら、理解を深めるため、ゼロベースで独自のニューラルネットワークを構想して、フレームワークの機能を利用して組み立ててみてもいいでしょう。あるいは、定義済みの畳み込みニューラルネットワークを画像認識に利用してもいいのですが、より効率的なのは、すでに学習が済んだニューラルネットワークの活用です。8章では、学習済ニューラルネットワークを活用した転移学習について学んでいきましょう。

Section 8-1 転移学習とは

　転移学習は、学習済のニューラルネットワークを再利用して、少量のデータでターゲット課題を高精度で達成する手法です。以下に、転移学習の概念を簡単に図解しました。まずは概要を頭に入れましょう。

■転移学習とは

　転移学習で注目すべきは、「学習済ニューラルネットワーク」「再利用」「少量のデータ」「高精度」というキーワードです。
　学習済ニューラルネットワークとは大量の良質なデータを使って学習したニューラルネットワーク、再利用とは中古品の再利用というニュアンスよりニューラルネットワークの構造をほぼそのまま活かす、活用するという意味合いが近いでしょう。通常、学習済のパラメータもそのまま再利用

します。

　少量のデータは、取り込む新しい課題で良質なデータを大量に集められないときに有効です。また基本的に、少量のデータで高精度な学習は難しいのですが、転移学習では少量のデータをそのまま学習するよりは高精度を達成できます。

転移学習による畳み込みニューラルネットワークの活用

　転移学習を利用した畳み込みニューラルネットワーク（CNN）について学ぶ前に、まずは通常の（転移学習を利用しない）CNNを考えましょう。下図の学習済CNNは、大量の高品質のデータを使って学習します。

■学習済CNN

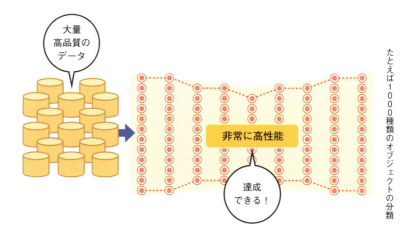

　たとえば、ImageNetの画像データを使って学習した深層学習のニューラルネットワークはおよそ1,000種類の物体を分類できます。ImageNetの大量（数百万枚の画像データ）のデータを使い、数十から数百層のニューラル

ネットワークを重ねて学習した結果、非常に高い精度を達成できたのです。

前述のように、深層学習の手法を利用した画像認識の分類精度はすでに、人を超えています（たとえば、SENetのエラー率は2.3%であるのに対して、人間のエラー率は5.1%です）。また、レントゲン写真で乳がんの画像診断においても、AIは医師より高い正解率で乳がんを検出できるという結果も出ています。

一方で、深層学習のプロジェクトを始めるにあたり、良質のデータが集められないという声をよく聞きます。深層学習が十分な成果を発揮するには、大量の良質なデータが必要で、少量のデータでは高い分類精度を出せません。

ニューラルネットワークの学習過程では、当初は各ニューロンの重み付けがわからない状態でスタートし、何回も学習を繰り返すことで、正解を出せるようになります。つまり、数万から数百万、数千万のニューロンを重み付けすることで重みを調整するのです。しかし、データが少ないと、十分な重み付けの調整（すなわち学習）ができないため、高い分類精度を達成できません。

■少量のデータでは高い分類精度を出せない理由

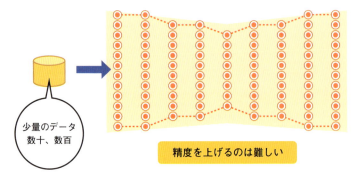

一方、転移学習では、すでに学習済のニューラルネットワークを学習済の重み付けのパラメータとともに再利用します。たとえば、犬の画像データを学習済みのニューラルネットワークを猫の画像データの判定に利用するイメージです。特に画像認識の分野では、ImageNetの大量の画像データを学習したRestNet18、VGG-16、AlexNetなどが多数公開されているため、それらを利用できます。

　ではなぜ、別の目的で作られた（学習した）ニューラルネットワークが、異なる目的のプロジェクトでも高い分類精度を出せるのでしょう。ある意味、特徴量を抽出しカテゴリ分類するという深層学習の流れは、人が過去の経験を活かして新しい物事を習得する流れと似ているからかもしれません。知識の転移によりモデルを過去の経験を活かせるようにすることで、「学習済ニューラルネットワーク」「再利用」「少量のデータ」「高精度」を実現しているのです。特に画像や音声を識別するモデルは他の分野に比べて流用しやすいため、転移学習が役立つと言われています。

Section 8-2 転移学習の方法

　転移学習には、「学習済ニューラルネットワークをほぼそのまま再利用する方法」と「学習済みネットワークの重みを初期値として、モデル全体の重みを再学習する方法」の2種類があります。

　前者は、下図のように左側の学習済モデルのネットワーク構造をほぼそのまま再利用し、学習済みネットワークの重みは固定し、新たなデータの重みのみを学習した上で、最後の出力層を課題に合わせて調整します。たとえば、Image Net の画像を使って学習済の AlexNet では、1,000 種類の物体を分類するために、出力層に 1,000 個のニューロンが用意されています。しかし、犬と猫を分類する課題であれば、出力層のニューロンは 2 つで十分です。

■出力層だけ調整した転移学習

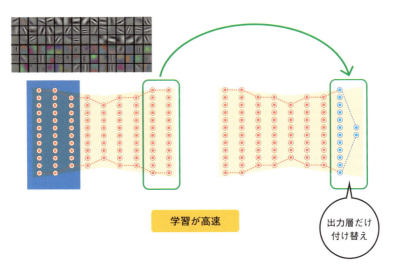

一方後者は、ファインチューニングと呼ばれます。ファインチューニングでは、学習済みネットワークの重みを初期値として、モデル全体の重みを再学習します。

　学習済ニューラルネットワークをほぼそのまま再利用する方法は、学習に要する時間が短いため、プロジェクトは早期に終了します。それに対して、ファインチューニングでは、すべてのパラメータをチューニングするため、学習にはより長い時間が必要です。その代わり、さらに高い精度を期待できます。

■ファインチューニング

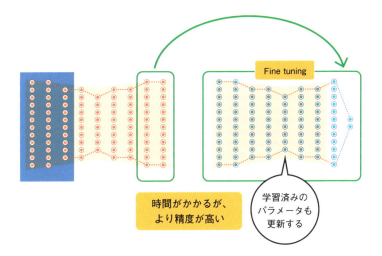

Section 8-3 転移元の選定と転移学習のアプローチ

　最後に、学習において「どのような転移元を選ぶか」、すなわち「どの学習済のニューラルネットワークを再利用するか」の選定基準について解説しておきましょう（転移元はソース、転移先はターゲットと呼ばれます）。学習済ニューラルネットワークには目的に応じて色々な種類があり、学習に使われているデータセットも様々です。ターゲットに合わせて、ソースを選ぶ必要があります、そうでないと、期待する結果が達成できません。

　たとえば、下図のように、薔薇と蓮や犬と猫の分類をしたいというターゲットに対して、1,000種類の機械や車両を学習したソースを利用すれば、高い精度は期待できません。

■ソースとターゲットの関係

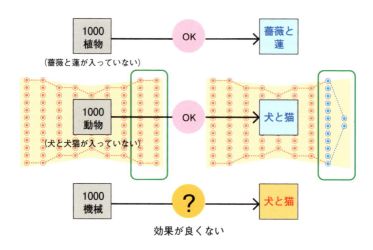

高い正解率を実現するには、なるべくカテゴリの近いソースを選ばなくてはなりません。たとえば、薔薇と蓮の分類では植物の学習済ニューラルネットワークを、犬と猫の分類では異なる動物の学習済ニューラルネットワークを再利用して、転移学習で再度学習させると、高い分類精度が期待できるのです。

9 章

物体検出

　9 章では、最新の画像処理認識技術とともに、画像処理認識以外の分野との関連について紹介していきます。AI の高度な応用では、画像認識のみならず、他の分野との連携も必要となるからです。そしてこの場合、ネットワークモデルは、より複雑で、より高度な構成になります。特に、物体検出の代表的なリアルタイムオブジェクト検出アルゴリズムである YOLO については、事例とともに解説しましょう。

Section 9-1 畳み込みニューラルネットワークによる物体検出

　ここまでに解説した、ニューラルネットワーク（NN）や畳み込みニューラルネットワーク（CNN）による画像分類は、ある意味、「画像に写っているは犬なのか、猫なのかを分類する」という比較的に単純なタスクです。CNNはこうした画像分類にとってはとても有効な仕組みであり、良いパフォーマンスを出しています。

　しかし、現実のシチュエーションはもっと複雑です。たとえば以下の写真のように、歩いている最中に、建物、道路、信号、標識、歩行者など、様々なものをリアルタイムに検出しなくてはなりません。物体の境界線や物体間の関係性も認識しなくてはならないのです。

■歩行中に眼にする様々なもの

　このように、様々な物体を同時に検出する上で、CNNは力を発揮できるでしょうか。

　答えは、Yesです。実は、物体検出するために、多くのCNNが考案されています。こうしたCNNを活用すれば、以下のように1つの画像の中に

ある様々な物体を同時に検出し、認識することができます。

■CNNを活用した物体検出

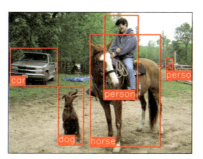

[出典：https://arxiv.org/abs/1311.2524]

　本書では、物体検出に使われるCNNとして、「R-CNN」「Fast R-CNN」「Faster R-CNN」「YOLO」を紹介します。

Section
9-2 物体検出のCNN①:
R-CNN

　物体検出では一般に、入力した画像に対して、ターゲットとなる物体を見つけ、物体を取り囲むバウンディングボックスを描き、ラベルを付けます。2014年に提案されたR-CNNもまた、このアプローチを採っています。では、R-CNNはバウンディングボックスがどこにあるのかをどのように検知しているのでしょう。

　R-CNNでは、下図のように画像の中に多くのボックス候補を上げ、どれが実際にオブジェクトに対応しているかを確認することで、バウンディングボックスを検知しています。このアプローチは選択的探索（selective search）と呼ばれており、1回のプロセスで示される領域提案（region proposal）は2000にも上ります。

■R-CNNによる領域提案

[引用先: https://www.koen.me/research/pub/uijlings-ijcv2013-draft.pdf]

　選択的探索では、簡単に言うと、異なるサイズのウィンドウを通して画像を見て、それぞれのサイズで隣接するピクセルをテクスチャ、色、また

は強度によってグループ化し、オブジェクトを識別します。領域提案が作成されると、R-CNN はその領域を標準的な正方形のサイズに変形させ、下図のように改造された AlexNet（8 章を参照ください）に渡します。

■R-CNNによる領域提案

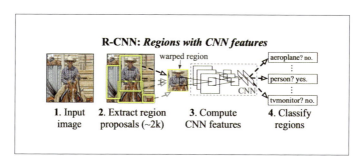

［引用先：https://www.koen.me/research/pub/uijlings-ijcv2013-draft.pdf］

　CNN の最後のレイヤーで、R-CNN はサポートベクターマシン（SVM）を追加し、「これが物体か」「物体であればどのような物体か」を単純分類します（上図のステップ4）。CNN は特徴抽出器として機能し、出力密度の高い層は画像から抽出された特徴で構成され、抽出された特徴は SVM に渡されて、その候補領域内での物体を分類します。

　さて、バウンディングボックスで取り囲む物体を見つけたところで、どのようにその物体の本来のサイズに合うように箱をフィットさせるのでしょうか。これが R-CNN の最後のステップです。R-CNN は、領域提案に対して単純な線形回帰を行い、よりフィットするバウンディングボックスの座標を生成し、最終的な出力を得ます。つまり、この回帰モデルでは、「オブジェクトに対応する画像のサブ領域（sub-region）」を入力として、「サブ領域内のオブジェクトの新しいバウンディングボックス座標」を出力するのです。

　以上のように、R-CNN は「①バウンディングボックを算出するために領

域提案のセットを生成」「②バウンディングボック内の画像を事前に学習した AlexNet に通し、最後に SVM に通す領域提案内の画像がどのオブジェクトであるかを確認」「③バウンディングボックスを線形回帰モデルにかけ、オブジェクトが分類された後にバウンディングボックスのより厳密な座標を求めて出力」することで、物体検出を可能にしているのです。

Section 9-3

物体検出のCNN②：
Fast R-CNN

R-CNN は非常によく機能しますが、いくつかの理由で物体検出が非常に遅くなることもあります。これは、R-CNN が全画像のすべての領域提案を、改造された AlexNet に 1 回通さなくてはならないためです。つまり、領域提案が 2,000 なので、画像 1 枚につき約 2,000 回が必要なのです。30fps の動画であれば、1 秒に 30x2,000=60,000 回、CNN を回さなければなりません。動画の解析に R-CNN を使えば、リアルタイムでの物体検出は難しいでしょう。

また R-CNN では、画像の特徴を生成する CNN、クラスを予測する分類器、バウンディングボックスの精度を上げる回帰モデルという、3 つの異なるモデルを別々に訓練しなければなりません。しかも、選択的探索は固定アルゴリズムで、学習機能がないため、領域提案の生成は全体の性能を影響します。

2015 年、R-CNN の考案者であるロス・ガーシックは、上記の問題を解決したアルゴリズムとして、「Fast R-CNN」を生み出しました。CNN ではすべての領域提案を CNN に通すのに対して、Fast R-CNN では、各画像の提案領域が重なっていることに着目し、領域提案に共通する箇所についての処理を省略します。

Fast R-CNN では、RoIPool（Region of Interest Pooling）と呼ばれる技術を用いて、これを実現しています。RoIPool は、画像に対する CNN の処理をそのサブ領域間で共有します。上図のように、CNN の特徴マップから対応する領域を選択することで、各エリアの CNN 特徴を得ています。その上で、各エリアの特徴を畳み込み層の出力結果を間引いて圧縮します（プー

9

物体検出

9-3 ｜ 物体検出のCNN②：Fast R-CNN　　211

リングと呼ばれ、通常はマックスプーリングを使用します)。この方法では、共通領域を1回CNNに通すだけで済みます。

　Fast R-CNNの2つ目の特徴は、CNN、分類器、バウンディングボックスを1つのモデルにまとめて学習することです。R-CNNでは、画像の特徴を抽出するモデル(CNN)、分類するモデル(SVM)、バウンディングボックスのモデルを別々に用意していましたが、Fast R-CNNでは1つのネットワークで3つすべてをまとめて処理できます。

　また下図のように、Fast R-CNNは、SVM分類器の代わりにCNN上にソフトマックス層を置いて分類を出力します。さらに、ソフトマックス層に平行して線形回帰層を追加して、バウンディングボックスの座標を出力しています。このようにすることで、必要なすべての出力が1つのネットワークから得られるのです。

■Fast R-CNNの構造

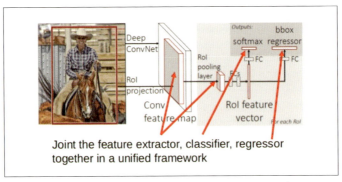

[引用先:https://www.slideshare.net/simplyinsimple/detection-52781995]

Fast R-CNNの改良版

2016年になると、Faster R-CNNの改良版が登場します。

Fast R-CNNの処理プロセスには1つのボトルネックがありました。それは領域提案の生成です。Fast R-CNNでは、「選択的探索」で領域提案を作成していましたが、これはかなり時間がかかる処理であり、処理全体のボトルネックとなっていたのです。

そこで、Faster R-CNNの改良版では、すでに計算済CNNの結果を領域提案に再利用しています。下図では、1つのCNNが領域提案と分類の両方に使われているのがわかります。この方法では、1つのCNNを学習するだけで、ほとんどリソースを消耗せずに領域提案できます。

■Faster R-CNNの改良版の仕組み

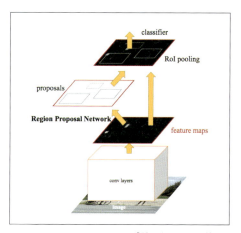

[引用先：https://arxiv.org/abs/1506.01497]

Faster R-CNNは、CNNの特徴の上に完全畳み込みネットワークを追加して、以下のような領域提案ネットワーク（Region Proposal Network）を

作成します。

■RPN:Region Proposal Network

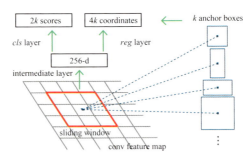

[引用先：https://arxiv.org/abs/1506.01497]

　領域提案ネットワークは、CNN の特徴マップ上にスライディング・ウィンドウを通過させ、各ウィンドウで k 個の潜在的なバウンディング・ボックスとそれぞれのボックスとの予想スコアを出力します。

　k 個のボックスには画面内オブジェクトと共通のアスペクト比が設定されています。人であれば、縦に長い立方体のボックスになるわけです。アンカーボックスと呼ばれる k 個のボックスに対して、画像の位置ごとに 1 つのバウンディングボックスとスコアが出力されます。そして、物体である可能性の高いバウンディングボックスをそれぞれ Fast R-CNN に渡すことにより、分類するのです。

Section 9-4 物体検出のCNN③: Mask R-CNN

　2017年になると、FacebookのAIチームがピクセルレベルのセグメンテーションのために拡張された高速Faster R-CNNとして、Mask R-CNNを提案します。物体検出に非常に適しているFaster R-CNNを拡張したMask R-CNNでは、単なる境界ボックスではなく、ピクセルレベルの各オブジェクトのセグメンテーションを可能にしています。

■Mask R-CNNのイメージ

［引用先：https://arxiv.org/abs/1703.06870］

　Fast R-CNNやFaster R-CNNと同様に、Mask R-CNNの基本的な考え方は単純です。Faster R-CNNのCNN機能の上にFully Convolutional Network（FCN）を追加し、マスク（セグメンテーション出力）を生成します。下図において、Faster R-CNNの分類とバウンディングボックス回帰のネットワークと並行していることに注目してください。

■ Mask R-CNNの基本的な考え方

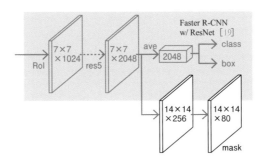

[引用先：https://arxiv.org/abs/1703.06870]

　これは、Faster R-CNN に「あるピクセルがオブジェクトの一部であるかを示すバイナリマスク」を出力するブランチが追加されることにより実現されています。このブランチ（図中の網がかかっていない部分）は、CNNベースの特徴マップ上に完全畳み込みネットワークとして置かれています。

　Faster R-CNN アーキテクチャに手を加えずに実行すると、部分領域をうまく「固定サイズの feature map」として抽出する処理である「RoIPool」によって選択された特徴マップの領域が、元の画像の領域からわずかにずれてしまいます。画像のセグメンテーションには、バウンディングボックスとは異なり、ピクセルレベルでの特定が必要なため、当然ながら不正確になってしまうのです。そのため Faster R-CNN では、RoIAlign という手法を用いて、RoIPool がより正確に位置合わせされるように巧みに調整し、この問題を解決しています。

■RoIAlignによる処理

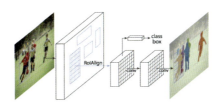

［引用先：https://arxiv.org/abs/1703.06870］

　RoIAlignによる処理では、RoIPoolで選択された特徴マップの領域が、元の画像の領域とより正確に対応するように、画像がRoIPoolではなくRoIAlignに渡されます。ピクセルレベルのセグメンテーションでは、バウンディングボックスよりも細かい位置合わせが必要になるのです。

Section
9-5

物体検出のCNN④:
YOLO

　YOLOとは、物体検出の代表的なリアルタイムオブジェクト検出アルゴリズムです。このアルゴリズムを使うと、画像を1回CNNに通すことで、オブジェクトを検出できます。

　YOLOとは「You only live once.(人生一度きり)」の略語であり、ここでは「You only look one.(1回だけ見る --> 1回の処理で完了する)」という意味で、「YOLO」が画像を1回CNNに通せばいいことに引っ掛けてあります。従来の物体検出アルゴリズムでは、画像内の物体を特定するために領域を使用していました。このネットワークは、画像全体を見るのではなく、オブジェクトが含まれる可能性の高い画像の箇所を探します。

　YOLOの仕組みは、画像をS×Sのグリッドに分割し、それぞれのグリッドをm個の「バウンディングボックス＝クラスを含む領域」に分け、それぞれのバウンディングボックスに対して、CNNのネットワークがクラス確率（どのクラスに属するかの確率）とオフセット値（バイアス）を出力します。その上で、閾値以上のクラス確率を持つバウンディングボックスを選択することで、画像内のオブジェクト位置を特定するのです。

■YOLOによる物体検出

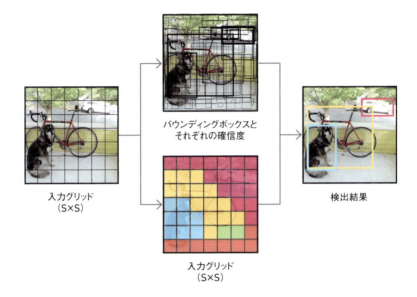

YOLOは、分類器ベースのシステムに比べていくつかの利点があります。まず、他のオブジェクト検出アルゴリズムと比べて、45フレーム/秒という桁違いの高速性を誇ります。R-CNNの1000倍以上、Fast R-CNNの100倍以上の高速化を実現しているそうです。

これはテスト時に画像全体を見ているので、予測には画像のグローバルコンテキストが反映されるからです。R-CNNのように1つの画像に対して何千ものネットワーク評価を必要とするシステムとは異なり、1つのネットワーク評価で予測するのです。

一方、YOLOアルゴリズムの限界は、画像内の小さな物体を苦手とすることです。たとえば、鳥の群れを検出するのは難しいかもしれません。これは、アルゴリズムの空間的な制約によるものです。

10章

画像
セグメンテーション

　物体検出では、物体を取り囲むバウンディングボックスの座標を
出力すれば、タスクは完了ですが、物体検出をさらに発展させた画
像セグメンテーションでは、画像の各画素がどのカテゴリーに属す
るかを求めることになります。10章では、画像セグメンテーション
の代表的なネットワークである U-Net について説明します。特に、
U-Net によるセマンティックセグメンテーション、ピクセル単位の
分類タスク、そのためのアルゴリズムに焦点を当てて解説します。

Section 10-1 画像セグメンテーションとは

　深層学習による画像認識でよく使われる画像セグメンテーションは、デジタル画像を複数のセグメント（ピクセルのセット、画像オブジェクトとも呼ばれます）に分割するプロセスです。

　人の目は、反射された光線を捉え、そこから画像を認識しています。この作業は非常に複雑であるにもかかわらず、私たちは何も意識せずにできてしまいます。どのようにすれば、このような能力を機械（コンピュータ）に与えられるでしょう。コンピュータにとって、画像は数値の行列に過ぎません。コンピュータに行列の背後にある「意味」を理解させることは、多くの研究者にとって長年の関心事でした。

　畳み込みニューラルネットワーク（CNN）の登場後、画像認識の研究はかつてないほど進歩しました。以前は手をつけられないと考えられていた多くの課題が、今では想像以上驚くべき結果を出しています。その代表例が、画像のセグメンテーションです。画像のセグメンテーションでは、コンピュータが画像を異なる実体を表すセグメントに分割します。

■ 画像セグメンテーション

［出典：https://arxiv.org/abs/1703.0687］

この図のようにセグメンテーションの目標は、1つの画像の「どこ」に「何」が写っているかの情報をよりわかりやすく示し、分析に使いやすい情報を提供することです。わかりやすく言えば、画像セグメンテーションの処理では、画像に写っているオブジェクトごとのエリアを見つけ、ラベルを付けるのです。より精度の高いセグメンテーションでは、ピクセル単位でオブジェクトのエリアを特定できます。これにより、画像表現を単純化でき、コンピュータがより情報を分析しやすくなるのです。

セマンティックセグメンテーションとインスタンスセグメンテーション

　セグメンテーションは、セマンティックセグメンテーションとインスタンスセグメンテーションに分類できます。セマンティックセグメンテーションとは、画像を首尾一貫した部分に分割することです。たとえば、データセットの中の人、車、その他のオブジェクト（もの）に属する各ピクセルを分類するのです。

■セマンティックセグメンテーションの例

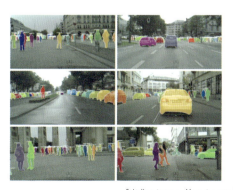

[出典：https://arxiv.org/pdf/1703.06870.pdf]

自動運転車から人工衛星まで、多くの分野で役立てられているセマンティックセグメンテーションは、近年、医療用画像の解析で注目されています。医療用画像の微細な識別は非常に複雑で、トレーニングを受けた医師ですらしばしば困難です。このような画像の細部のニュアンスを理解し、注目すべき(画像上の)領域を特定できるセマンティックセグメンテーションは、医療サービスの効率化や自動化に大きな影響を与えるでしょう。

　インスタンスセグメンテーションの処理は、セマンティックセグメンテーションと比べてより複雑です。インスタンスセグメンテーションでは、すべての人、車をピクセル単位で分類するだけでなく、各オブジェクトを人1、人2、車1、車2、車3などと個別に識別することを目標としています。

■インスタンスセグメンテーションの例

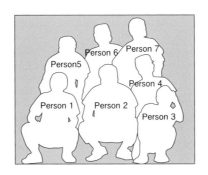

　セマンティックセグメンテーションで一般的に使われているアルゴリズムはU-Netです。一方、インスタンスセグメンテーションでは、現在、9章で解説したMask-RCNNが使われます。複数のサブネットワークが協調して動作することで、インスタンスセグメンテーションを実現しているのです。

Section 10-2 U-Netによる画像セグメンテーション

　画像セグメンテーションの代表的なニューラルネットワークアーキテクチャの1つにU-netがあります。

　医療画像のセグメンテーションのために当初設計されたU-Netは、現在では、様々な分野で活用されています。ここでは、U-Netの特性や有効性を紹介しましょう。

　下に、U-Netが有効に機能する典型的な課題を示しました。この課題では、左側の顕微鏡画像（c）の入力を、U-Netで処理し、右側の結果（d）として出力しています。見ての通り、1個1個の細胞のエリアが色で分けられ、境界線もはっきりわかります。

■U-Netによる顕微鏡画像の処理

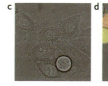

［出典：https://arxiv.org/pdf/1505.04597.pdf］

　このようにU-Netを使えば、画像の特徴写像を学習して、ニュアンスのある特徴写像を作成できます。このような画面セグメンテーションは、特徴写像をベクトルに変換、分類するだけでなく、ベクトルから画像を再変

換することで可能になります。ベクトルから画像への変換は膨大な処理が必要となるため、画像からベクトルへの変換よりもはるかに難易度が高い処理です。U-Net は、画像の特徴写像の学習データを利用することで、こうした処理を可能にしているのです。

U-Netによる処理

　U-Net による処理の特徴は、ベクトルを分割された画像に展開することです。これにより、画像の構造的な完全性が保たれ、歪みが非常に少なくなります。以下に、U-Net の構造を示します（大文字の「U」のように見えるため、U-Net という名称になっています）。

■U-Netの構造

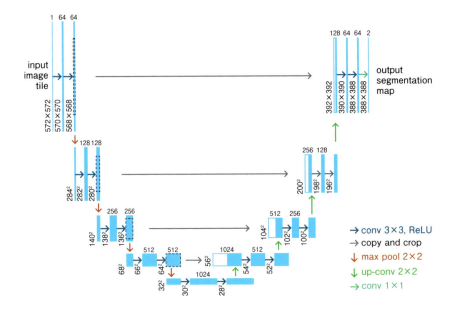

U-Net の構造は 3 つのセクションで構成されています。収縮層、ボトルネック部、展開層です。

収縮層は、多数の収縮ブロックで構成されます。各ブロックは入力画像を受け取り、2 つの 3 × 3 の畳み込み層を適用した後、2 × 2 の最大プーリングを適用します。適用後、カーネルやフィーチャーマップの数は 2 倍となり、複雑な構造を効果的に学習できるようになるのです。入力画像には、対応する収縮層の特徴量が追加されます。この動作により、画像を収縮させながら学習した特徴量が再構成に利用されます。なお一番下の層は、収縮層と展開層の間を仲介し、2 つの 3 × 3 の CNN 層と 2 × 2 の畳み込み層が続きます。

収縮層同様に、いくつかの展開ブロックで構成される展開層では、各ブロックが入力を 2 つの 3 × 3 の CNN 層に渡し、その後に 2 × 2 のアップサンプリング層が続きます。ブロックごとに畳み込み層が使用する特徴量マップの数は、対称性を保つために半分になります。展開ブロックの数は、収縮ブロックと同じです。展開層での処理後に得られるマッピングは、所望のセグメントと同じ数の特徴マップにより、別の 3 × 3 の CNN 層を通過します。

英文字「U」の左の半分、エンコーダ部分と考えられる領域では、畳み込みブロックを適用して、入力画像を複数の異なるレベルの特徴にエンコードするためにマクスプールのダウンサンプリングを行います。ネットワークの右半分は、アップサンプルと連結、そして通常の畳み込み演算を担います。

CNN でのアップサンプリングの考え方は、かなり単純です。左から対応する連結ブロックで同じサイズになるように特徴量を拡大しています。灰色と緑の矢印があるように見えますが、ここでは 2 つの特徴量マップが連結されています。他の完全畳み込みセグメンテーションネットワークと比べて、U-Net が優れているのは、アップサンプリングしてネットワークの

深部に行く間に、ダウンサンプリングの高解像度の特徴をアップサンプリングされた特徴と結合しているだと思われます。U-Net の構造を注意深く見ると、出力 (388 × 388) が元の入力 (572 × 572) と同じでないことに気づくかもしれません。一貫したサイズを得たいのであれば、連結レベル間でサイズを一貫したものにするためにパディングされた畳み込みセグメンテーションネットワークを適用します(こうした処理に慣れていない人は、先に基本的な畳み込み演算とその演算の具体的なやり方を参照するといいかもしれません)。

■パディングされた畳み込みセグメンテーションネットワークの適用

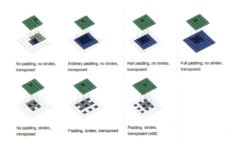

[出典：https://github.com/vdumoulin/conv_arithmetic/blob/master/README.md]

U-Net アプローチを使うときの難点は、(1 個 1 個の細胞の) 核が重なり合うことでした。バイナリマスクを作成してターゲットとして使うと、U-Net は確実に重なりを予測し、重なり合うか、あるいは互いに非常に近くにあるいくつかの核のマスクを組み合わせます。

U-Net の論文によれば、重なり合うインスタンス（細胞のエリア）の課題について、セル境界の学習を強調し、重み付きクロスエントロピーを用いることで、重なり合うインスタンスを分離できるそうです。その基本的な考え方は、境界をより重み付けして、近いインスタンス間のギャップを

学習するようにネットワークをプッシュするものです。また、U-Net では最終層で 1×1 畳み込みを使用することで、ネットワークを構成して必要なだけ多くのチャンネルを出力し、任意のチャンネルで任意のクラスを表現できます。

　これらの予測を行った後、watershed のような古典的な画像処理アルゴリズムを用いて、個々の核をさらにセグメント化するための後処理を行うことができます。下図は、watershed 処理の例です。

■watershed処理の例

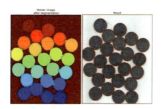

［出典：https://docs.opencv.org/3.3.1/d3/db4/tutorial_py_watershed.html］

11章

GANによる
画像生成

　11章では、敵対的生成ネットワーク（GAN、Generative Adversarial Networks）による画像生成を紹介します。GAN は極めて興味深い深層学習の研究分野であり、画像認識にも役立つ考え方や知識が盛り込まれています。たとえば「人間」の特徴を学習することで、この世界に存在しないリアルな「人」の画像を生成できます。GAN の知見がこれからの深層学習に大きなインパクトを与えることは違いないでしょう。

Section 11-1 | GANとは

　敵対的生成ネットワーク（GAN、Generative Adversarial Networks）については、インターネット上で何回か目にしたことがあるかもしれません。GANは、画像を生成するAIのアルゴリズムです。実在しない猫から、自動車、人、乳がんのレントゲン写真まで、コンピュータが外部の助けなしに、真偽が見分けられない画像を生成します。GANは当時まだモントリオール大学の博士課程に通っていたイアン・グッドフェロー氏が考案しました。そのなかで一番インパクトのあるのはやはり人の顔の生成技術です。下図は、2014年、GANによる人の顔の生成画像です。

■人の顔の生成技術の変遷

[出典：https://arxiv.org/pdf/1802.07228.pdf]

　GANは、登場からわずか3年で、一番左から一番右の画像を生成するまでに進化を遂げました。一番右の画像は、誰もが実在する人の写真だと信じて疑わないでしょう。さらにStyleGANは、誰もが「この人は実存するはず」と信じ込むレベルにまで進化しています。

■GANで生成された自然な実存しない人の顔

　GANとは、「生成する、作る」を意味する「Generative」、「敵対する、失敗させる」を意味する「Adversarial」、「ニューラルネットワーク」を意味する「networks」を組み合わせた造語です。

■GANの意味

　最後のnetworksは複数形になっているところに気をつけてください。なぜなら、GANの中に2つのニューラルネットワークがあるからです。1つはGenerative、もう1つはAdversarialのネットワークです。従来の分類するニューラルネットワークと生成するニューラルネットワークという2つのネットワークにより、「本物っぽさを勉強し、高品質なデータ（画像）を生成する」アルゴリズムを実現しているのです。次の図は、2つのネットワークを模式図として示したものです。

■従来の分類ニューラルネットワークと生成ニューラルネットワーク

《 分類するニューラルネットワークの例 》 《 生成するニューラルネットワークの例 》

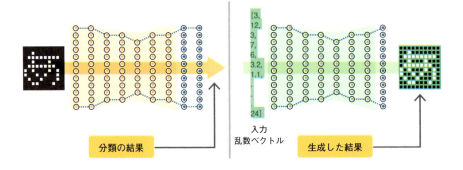

　左側の分類するニューラルネットワークでは、入力画像を学習済モデルに通して、「入力画像が猫なのか、犬なのか」などを分類します。一方、生成するネットワークでは、乱数ベクトルなどの入力を受け取って、猫か犬の画像を生成します。大量の学習用データを用意することで、生成ネットワークの学習が可能になるのです。

■生成ネットワークの学習（イメージ）

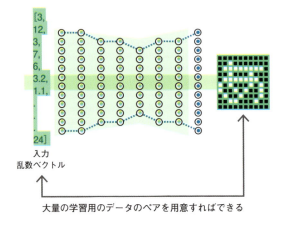

Section 11-2

GANのGeneratorとDiscriminator

前述のように、生成ネットワークの学習は可能です。ただし、生成した画像を「合格判定」するニューラルネットワークが必要になります。すなわち、GeneratorとDiscriminatorという2つのニューラルネットワークが必要になるのです。

■GeneratorとDiscriminator

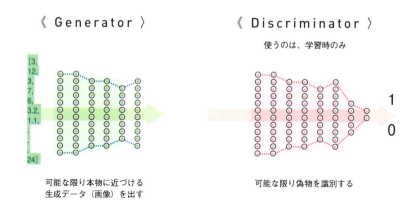

Generatorは、可能な限り本物に近いデータ（画像）を作るために学習し、Discriminatorは入力画像が偽物かを識別するために学習します。DiscriminatorはGANの学習段階のみに使われ、データ（画像）の生成段階には使われません。つまり、GeneratorとDiscriminatorは、交互に連携しながら学習していくのです。

■GeneratorとDiscriminatorによる学習

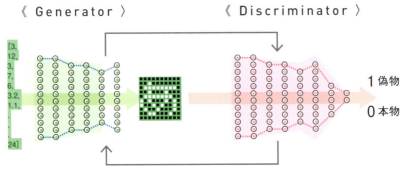

　Generator は生成したデータを Discriminator に渡し、Discriminator はそのデータが本物かを判別し、その結果を Generator に返します。Discriminator が間違ったデータであると判断すると、ニューラルネットワークのパラメータを調整して学習します。Generator は Discriminator の結果を見てさらに学習し、ニューラルネットワークのパラメータを調整します。

■GeneratorとDiscriminatorの学習

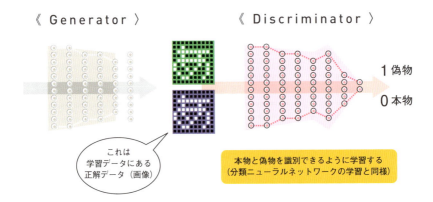

Generatorは入力したランダムなベクトルを使って、ニューラルネットワークを通して本物に近づけるように学習します。たとえば文字を生成するのであれば、最初は文字には見えない適当な画像が作られます。学習初期段階では、本物に近い画像は生成できないからです。

　一方、DiscriminatorはGeneratorから生成されたデータと本物の画像の両方を入力として受け取り、真偽を判別できるように学習します。ただし、Discriminatorも学習の初期段階では、間違うかもしれません。学習を積むにつれて、Discriminatorのパラメーターが調整され、正解を出せるようになるのです。

■Discriminatorによる判定

学習の初期は
このものも、
本物の［あ］だと
判定してしまう

　Discriminatorによる学習は、従来の分類するニューラルネットワークの学習方法と同じです。すなわち、本物であれば0、偽物であれば1と出力するように学習します。こうしたGeneratorとDiscriminatorの連携は、1ミニバッチの処理で実施されます。次の図のように、Generatorが学習するときはDiscriminatorのパラメータを固定し、Discriminatorが学習するときはGeneratorのパラメータを固定する必要があります。

■GeneratorとDiscriminatorによる学習

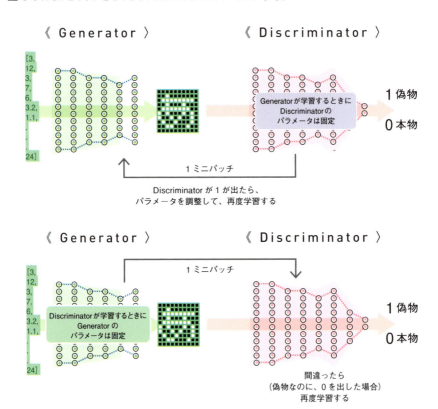

　このように、GeneratorとDiscriminatorが交互に学習することで、互いに高め合いながらGAN全体の性能を向上させるのです。理解のために、Generatorは偽物の絵画などを作る人だとイメージしてください。Generatorはつねに高度な技術を手に入れて、Discriminatorを騙せるように本物に近い画像を生成しようとします。一方、Discriminatorは絵画の鑑定士です。Discriminatorもまたつねに、腕を磨いて、Generatorの出力に騙されないように、偽物と本物の見分け方を勉強し続けます。

■GeneratorとDiscriminatorの学習イメージ

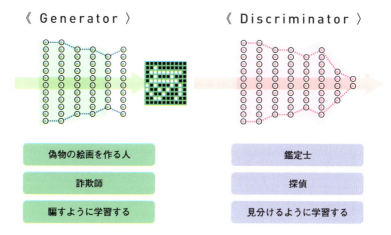

その結果、GANの全体として、高度なデータ（画像）を生成するスキルを手に入れるのです

Section 11-3 GeneratorとDiscriminatorのネットワーク構成

　次に、GeneratorとDiscriminatorのニューラルネットワークの構成を見ていきましょう。

　下図はDiscriminatorのニューラルネットワークの構成です。これはあくまでも例であり、用途などに応じて構成を適宜、調整、変更できます。Generatorはよくあるニューラルネットワークの構成になっていることがわかるでしょう。

■Generatorのニューラルネットワークの構成（例）

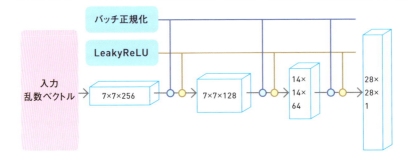

この構成はもちろん一例に過ぎず、実際は必要に応じて調整、再構成する

入力から画像の幅と高さを拡張していく一方で、データの深度が小さくなっていきます。最後は 28 × 28 の配列になり、2 次元の画像になります。各層の間には、それぞれバッチの正規化処理と活性化関数（ここでは LeakyReLU）が入っています。このニューラルネットワークの目的は入力乱数ベクトルから画像を生成することです。

　それに対して、Discriminator のニューラルネットワークの構成は下図の通りです。各層の間にドロップアウト層と活性化関数を挟んでいます。最後は、結合の層を経て 1 か 0 を出力するようになっているのです。

■Discriminatorのニューラルネットワークの構成（例）

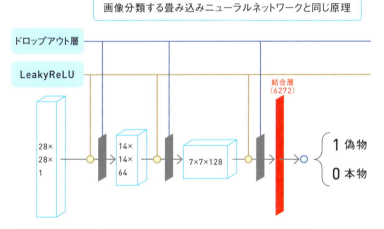

この構成はもちろん一例に過ぎず、実際は必要に応じて調整、再構成する

　最後に、GAN の全体構成図を紹介します。次の図のように、左側 Generator が乱数ベクトルから画像を生成します（たとえば平仮名の「あ」）。生成した「あ」を本物「あ」を入力として Discriminator に渡し、その結果を Generator に返すのです。

■GANの全体構成図

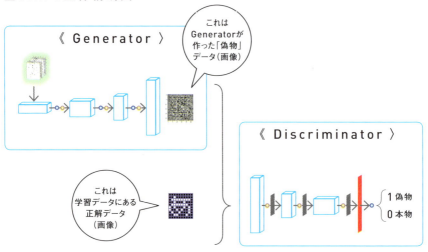

下図は、手書き数字をGANで生成しようとする中間処理の画像です。1番左は最初の数エポックの時の結果です。左から2番目は学習の途中数十エポック時の結果です。左側と比べるとやや上手になっています。そして、1番右は学習完了時の結果です。

■手書き数字生成の例

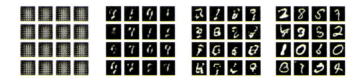

［引用先：https://www.tensorflow.org/tutorials/generative/dcgan］

以下のページにアクセスすると、学習のエポックの進行に連れて、文字として認識できないものから、きちんとした手書き数字っぽくなってくるのが確認できます。

おわりに

　本書はこれで終わりですが、読者の皆さんに役立つ内容があったでしょうか。

　本書では、画像認識と画像処理、画像認識の応用例、機械学習、深層学習の基本を解説した上で、画像認識に関連する重要な概念としてニューラルネットワーク、畳み込みニューラルネットワークなどを解説しました。また画像認識の重要トピックである、画像分類、物体検出、画像セグメンテーションについても、それぞれの代表的なニューラルネットワークとその動作原理を紹介しています。さらに、その発展形として、転移学習やGAN に画像生成技術についても触れました。

　本書を通して、画像認識の技術に対する知識が少しでも得られれば、それ以上にうれしいことがありません。これからの仕事で、時々取り出して、参考にする書籍と捉えていただければと考えています。

　現在、産業界は、人工知能による大航海時代を迎えています。本書がこの航海を乗り切る上での羅針盤となれば、筆者にとってこれ以上の喜びはありません。

2021 年 6 月

川島　賢

●本書中に記載されている情報は、2021 年 7 月時点のものであり、ご利用時には変更されている場合もあります。

●本書の一部または全部について、個人で使用するほかは、著作権上、著者およびソシム株式会社の承諾を得ずに無断で複写 / 複製することは禁じられております。

●本書の内容の運用によって、いかなる障害が生じても、ソシム株式会社、著者、監修者のいずれも責任を負いかねますのでご了承ください。

●本書に記載されている社名、商品名、製品名、ブランド名などは、各社の商標、または登録商標です。また本文中に TM、©、® は明記しておりません。

●本書の内容に関して、ご質問やご意見などがございましたら、下記まで FAX にてご連絡ください。なお、電話によるお問い合わせや本書の内容を超えたご質問には応じられませんのでご了承ください。

■ブックデザイン　植竹 裕（UeDESIGN）
■DTP　西嶋 正

機械学習・深層学習による
画像認識の基本と原理

2021 年 8 月 5 日 初版第 1 刷発行

著　者　　川島 賢
発行人　　片柳 秀夫
発行所　　ソシム株式会社
　　　　　https://www.socym.co.jp/
　　　　　〒101-0064 東京都千代田区神田猿楽町 1-5-15　猿楽町 SS ビル 3F
　　　　　TEL　03-5217-2400（代表）
　　　　　FAX　03-5217-2420
印刷　　　音羽印刷株式会社

定価はカバーに表示してあります。
落丁・乱丁は弊社編集部までお送りください。送料弊社負担にてお取り替えいたします。
ISBN978-4-8026-1322-4
©2021 Ken Kawashima
Printed in JAPAN